フード
ビジネス
最新キーワード64

64 KEYWORDS
OF FOOD
BUSINESS

野村総合研究所
フードバリューチェーンチーム
佐野啓介 編

日経BP

はじめに

フードビジネスはすべての人々に関わる

高齢化が進む農家、世界的な食料危機、フードテック、フードロスなどフードビジネスを取り巻くキーワードは時々刻々と変化している。また、急速な技術革新の波は食産業にも押し寄せており、成長産業と見込んで新規参入する企業も増えている。

本書は、食産業に携わるビジネスパーソンや、これからフードビジネス業界に入ろうとする方に向けて、最新動向やキーワードをコンパクトに解説したものである。一方で、よりおいしく・より楽しい食生活を過ごしたいという消費者にとっても最新の動向を知っておくことは有益であり、本書の内容はすべての人々に関わる内容といえるだろう。

本書の執筆は、総勢11名の野村総合研究所のメンバーが行った。業界研究や政策提言などを行う研究員、企業戦略を策定するコンサルタント、食品メーカー・食品卸・小売業のITシステムを支えるシステムエンジニア。それぞれが、様々な角度から食産業と向き合っており、伝えたいトレンドや取り組みを「フードビジネスに関わる64のキーワード」として取りまとめている。

7つのメガトレンドに対応

本書は単なる用語解説本ではなく、フードビジネスのこれからが見通せるよう、各項目に「Consultant View」を記載した。また、全部で7つの章立ては、野村総研が見立てた国内のフードバリューチェーンを取り巻く7つのメガトレンドに沿ったものである。

今回取り上げたキーワードが登場した背景、その中での数々の取り組み、さらには、今後に向けた提言など、様々な考察を含んだ内容となっている。

第1章は消費者を起点としたトレンド「新たに生まれる食のライフスタイル」であり、消費者と密接に関わる食のキーワードを取り上げる。

第2章は技術を起点としたトレンドであり、「食にもたらされる新しい技術」として、生産の負担を抑えて品質を高めるデジタルテクノロジーやバイオテクノロジーに関わる内容である。

第3章はフードチェーンを支える川下・川中業界で発生している最先端の流通形態を「激動の川下・川中業界」として解説。

第4章はさらに川上の農林水産業を焦点に「変化する担い手、増える『農業企業』」として、持続可能な国内の農業の在り方について述べる。

第5章は国内の農業と競合する海外産品のトレンドを「海外産品に押される国内産品」として、海外に依存した食産業の現状とその是非について見ていく。

第6章は盛り上がりを見せている日本発海外のトレンドを「出るに出られない海外市場」と題して、日本の食産業のグローバル化に向けた成功事例と課題を紹介する。

最後の第7章は「波及する世界的潮流」であり、気候変動や人権問題、サステナビリティなどのキーワードがグローバル化及び国内に与える影響を取り上げている。

最後に、本書がみなさまの新しいビジネスに貢献し、それがまた次なるキーワードにつながることを切に願う。

なお、本書の執筆に協力いただいた野村総研のメンバーへ、心より感謝の意を表したい。

野村総合研究所 コンサルティング事業本部
プリンシパル　佐野啓介

フードバリューチェーンの全体像

	生産者	集荷業者 荷受卸	加工業者	食品卸	流通業者
買い手	小売、加工業者の業界再編によるバイイングパワー増 小売、加工業者による契約栽培増		小売業のバイイングパワー増		多様化する消費者ニーズ
業界内競争	大規模農家発生と小規模農家淘汰	協同組合の統合、大規模化、効率化推進	生産性向上 業界再編の可能性	業界再編の可能性	生産性向上 大手による寡占化進展
供給業者	協同組合を通じた資材供給の縮小	組合員、調達先、取扱量減少	―		
代替品	海外産品拡大による事業縮小の可能性	契約栽培の拡大	海外産品拡大による事業縮小の可能性	小売事業者による垂直統合	ネット通販拡大の可能性
新規参入	従事者高齢化と法人参入による新陳代謝技術革新の可能性	海外産品による流通構造変化の可能性			
デジタル	アグリテック	フードテック、デジタルサプライチェーン、パーソナライゼーション、DtoC など			
市場開拓	農産品輸出	輸出業務の拡大	海外輸出、海外進出		海外進出
政策	六次産業化、農地中間管理機構、農林水産物・食品の輸出拡大実行戦略、生産性向上、IT活用、みどりの食料システム戦略 など				
社会	環境意識の高まり、サプライチェーン全体での持続可能性管理、化学農薬・肥料の削減、食品ロス削減 など				

新たに生まれる食のライフスタイル　海外産品に押される国内産品
食にもたらされる新しい技術　出るに出られない海外市場　激動の川下・川中業界
波及する世界的潮流　変化する担い手、増える「農業企業」

CONTENTS

CONTENTS

第5章　海外産品に押される国内産品 P.185

第6章　出るに出られない海外市場 P.219

第7章　波及する世界的潮流 P.255

第1章

新たに生まれる
食のライフスタイル

第１章　新たに生まれる食のライフスタイル

尽きない食への探求と多様化するライフスタイルへの対応

食産業は、人類誕生から存在する世界最古のビジネスの一つであると同時に、人が生きている間、人類が存在する限り、時間とコストをかけ続けなければならない活動でもある。そして、その食への時間とコストをいかに価値あるものにするか、という探求は今なお続いている。

戦後の経済発展の中で、日本では食以外への消費活動が増加し、食産業は、利便性や低価格といった領域の追求を進めてきた。ただ、根底には、おいしい・楽しいといった条件があり続け、現在の日本は、世界の中でも高品質な食を低価格で享受できる国となった。

昨今は、経済成長の鈍化に伴い、モノ消費からコト消費へと消費の重心が移り、物質的な豊かさではなく精神的な豊かさを望む消費者の割合が多くなっている。そのような中で、食産業は引き続き尽きない食への探求を続けるとともに、新しいライフスタイルに対応していかなければならない。

本章では、食産業が過去より提供してきたおいしい・楽しいといった価値が、消費者の新たなライフスタイルの中でどのように変化していくのかについて、いくつかの生活シーンを取り上げつつ、それらの活動の現状と可能性を紹介する。

Chapter. 1

取り扱いテーマ	背景となる事業環境の変化
自動調理機／ロボットキッチン	人口・世帯構成の変化に伴い、家庭内における調理の在り方、高齢化や人手不足を受けて飲食店での調理シーンに変化が求められている。他産業では、自動化やロボットの活用が進んでおり、食産業における今後の活用が期待されている。
食のサブスク	食の調理シーンだけでなく、メニュー検討や食材購入までも含めて価値提供するサービスがサブスクとして登場。一方、時間・コストの削減だけでは、消費者ニーズを満たすことが難しく、様々な付加価値を追加する形でサービス開発が進められている。
完全栄養食	限られた時間と所得を食以外の分野に投下し、食については、より一層の効率性を追求し続けたい消費者層も存在する。そのような生活を支えるアイテムとして、完全栄養食に注目が集まっている。
食のDIY	人が食事をするまでには、育てる→調理する→食べるといった様々な工程が存在する。モノ消費からコト消費への変化の中で、これらの工程自体が改めて趣味として付加価値を生み出しつつある。
新たな「食事」 食×エンタメ	家族全員で食卓を囲む家族団らんのシーンは過去のものになりつつある。一方、食事の時間がなくなることはなく、その時間をいかに価値あるものにできるかが今後の食産業に問われている。エンタメの切り口で、他産業と連携する可能性を秘めている。
フードダイバーシティ	グローバル化が進む中で、訪日外国人の数が増加している。今までの日本人を対象とした食の多様化だけでなく、外国人をも意識した食シーンの対応が求められてきている。

01

自動調理機／ロボットキッチン

Automatic Cooking Machine / Robotic Kitchen

Consultant View

都市化や共働き世帯が増加する中で、生活の基本となる食や住の効率化が進められており、家庭内での食の自動化はライフスタイルを大きく変え得る領域である。

また、人手不足に直面する外食業界の省人化は喫緊の課題であり、人手を必要としないレストランの開発などが進められている。

語句の解説

自動調理機

人間による下準備を前提とした上で、焼く・煮る・炒める・蒸すといった熱を加える調理工程を自動化する家電製品。フードプロセッサーやホームベーカリーなど単一の料理に特化した製品が多かったが、昨今は多数のメニューを収録した鍋型の自動調理機が増えている。

他のIoT家電と連動することも可能で、例えば保存されている食材からレシピをレコメンドするAI冷蔵庫と連動すると、自動調理機へレシピが自動的に反映される。

ロボットキッチン

調理だけでなく鍋や材料の取り出し、食材の下ごしらえ、盛り付け、片付けといった前後の工程をすべて自動化したロボット。

図1-1 **自動調理機・ロボットキッチンの例**

自動調理機

材料を入れてボタンを押すだけで自動で食事が出来上がる、調理工程を自動化した家電製品

人間の手を介しながら、焼き加減の調整を自動化してプロの味を再現するスマートフライパン

出所）左：象印マホービン、右：Felicidad

ロボットキッチン

調理工程のみならず、調理器具の準備から食材の下ごしらえ、後片付けまで調理に関わるすべての工程を自動化するロボット。キッチン全体がロボットに最適化された仕様となっており、通常のキッチンとは異なる設備設計となっている

出所）Moley Robotics

ロボットキッチンの世界はどこまで進んでいるのか

ロボットキッチンの技術開発は日進月歩で進んでおり、中には5,000種類以上のレシピに基づき調理する機能や、一流シェフの味を再現する機能など様々な機能が実装されてきている。法人向けも含めたロボットキッチン市場は年平均成長率16%で成長しており、2028年までには約400億円に達する見込みである。

しかし価格面での課題が残っており、例えばMoley Roboticsの開発するロボットキッチンは2021年時点で1台約4,000万円と個人が購入するにはまだまだ高い。将来的には1台180万円での発売を目標としており、ロボットキッチン普及のためにも今後の企業努力が期待される。

日本の住宅から従来のキッチンのなくなる日は訪れるのか

すべての家にキッチンがあり、自炊を前提として住宅が設計されていることは、海外では必ずしも一般的とは限らない。台湾をはじめとしたアジアやASEAN諸国では3食すべて外食ということも珍しくない食文化であり、家賃の低い住宅では日本のようなキッチンがついておらず、しっかりしたキッチンがついているのは高級マンション程度となっている。オーストラリアのメルボルンでは富裕層向けに、デリバリーフードを置くことだけを前提にキッチンがデザインされた家が発売され、調理器具を置くスペースを減らし、アイランド部分を従来より大きめに作っている。

日本でもミニキッチンという形でキッチンを縮小させる動きが出てきている。自動調理機やフードデリバリーと、キッチンの代替手段が台頭する中でキッチンの在り方の今後が問われている。

図1-2 フードデリバリーを前提にデザインされたキッチン

出所）Capital Alliance

図1-3 世界各国の自炊率

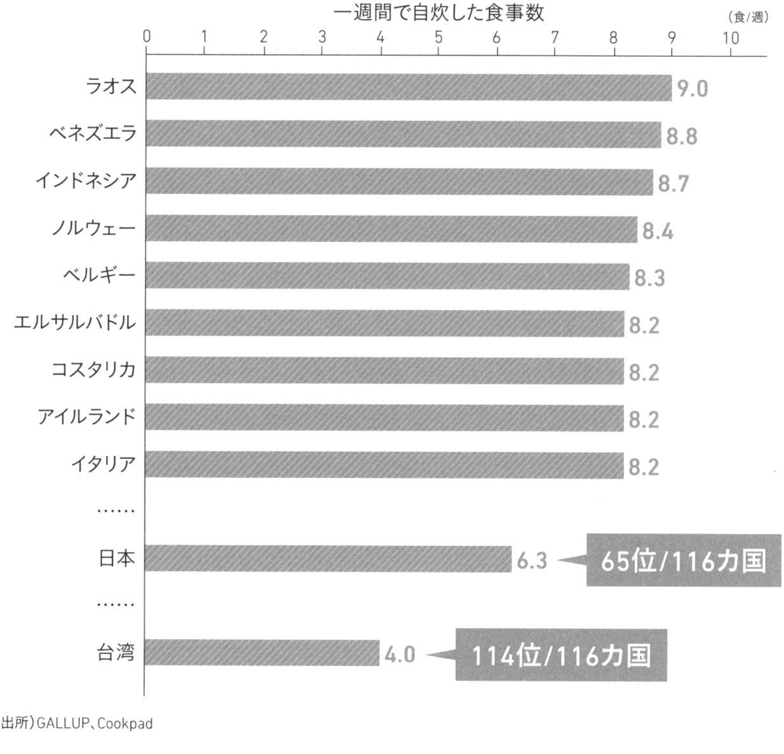

出所）GALLUP、Cookpad

02

食のサブスク

Food Subscription

Consultant View

メニュー検討を支援するクックパッドが登場。それが、食材購入や調理工程までサポートするソリューションとなり、サブスクとしてサービス展開されるようになってきている。

一方、サブスクは、単なる物売りではなく、顧客と継続的な関係を築き続けるビジネスである。販売チャネルや顧客管理、会計処理など様々な業務変更も必要であることを認識しておいた方がいいだろう。

語句の解説

毎月定額の支払いで様々なサービスを受けられるサブスクリプションサービス（サブスク）は、音楽や動画配信サービスをきっかけに認知され、最近では家具、家電、自動車、ファッション、美容などあらゆる業態においてサービス展開されている。その中でも宅配型やテイクアウト型で提供される食品を取り扱うサービスは近年大きく成長している。その品目は、飲料、米、酒類など重量があり、定期購入が見込める品目を中心に拡大傾向にある。他にも、レストランなど専門店の料理、生鮮食品、菓子類、コーヒー、スパイスなど多岐にわたる。その提供の形態は製品、頻度、受取方法などサービスごとに特徴がみられる。

図1-4 サブスク国内市場規模※

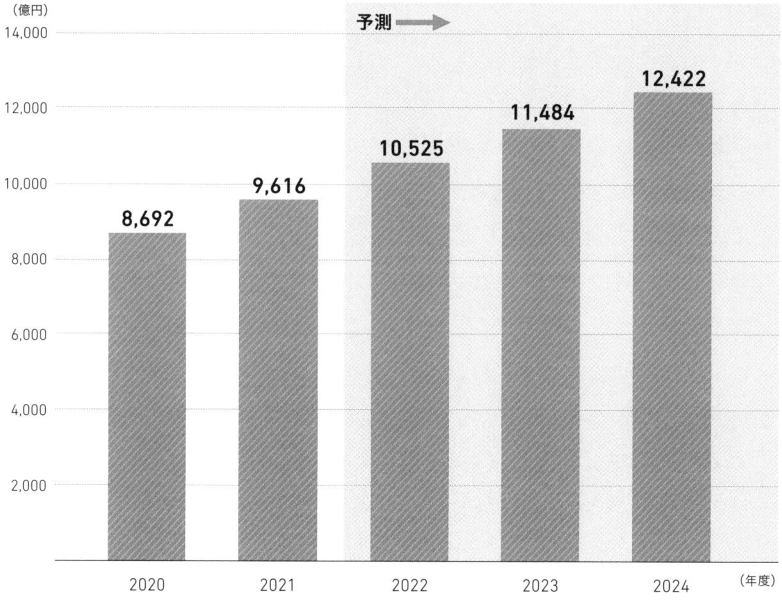

出所）矢野経済研究所

※消費者支払額ベース。市場規模は消費者向け（BtoC）とし、①衣料品・ファッションレンタル、②外食、③生活関連、④多拠点生活、⑤デジタルコンテンツ、⑥定期宅配サービスの6市場の合計値

図1-5 類型別のサブスクサービス例

サービス分類	概要	事例
会員制	一定期間分の会費を支払うことで期間内は特定の優待サービスが受けられるサブスク形式	Netflix、スポーツジム 会員制レストラン、飲食店サブスク
定期購入	定期的に商品が届くサブスク形式 ※常に同じ商品or毎回違う商品と商材によって様々	Amazon定期便、健康サプリ、ウォーターサーバー、オイシックス、季節のフルーツ、月替わりワイン
消耗品補充	本体を安価で販売し、消耗部品を定期販売するサブスク形式	ジレット替え刃、 ネスプレッソコーヒーカプセル

出所）各種公開情報よりNRI作成

献立×食材サブスクの付加価値

多様な食のサブスクが生まれている中で、食材と献立をセットにしたミールキットのサブスクは、消費者にひときわ高い付加価値を提供している。

料理をテーマとするテレビ番組や本を始め、クックパッドなどのレシピ共有サービスは、料理の内容や調理方法を提案するサービスとして提供されてきた。近年話題のミールキットサブスクは調理方法の提案に加えて食材の調達までサービス領域を広めている。例えば、オイシックス・ラ・大地のサービスではレシピに加えて、調理に必要な食材（一部、農薬や化学肥料、食品添加物未使用）まで提供される。レシピを考える手間に加えて買い物に行く手間、調理の手間をすべて排除することで忙しく生きる現代人に「可処分時間の増加」「健康な食生活の実現」といった、付加価値を提供している。

継続利用されるサブスクサービス

サブスク事業者が増加する一方で「サブスク疲れ」というネガティブなワードも生まれている。利用者にとって固定費支出の負担は重く、継続利用のメリットがなければ簡単に解約される傾向がみられる。

サブスク事業者は、利用者や市場ニーズに合わせたサービスの継続的な改善が必要になる。自社サービスのメリットを最大限活かせる利用者を明示し、その利用者にとって利用しやすい類型の選択肢を提供できる顧客満足度の高いサービスが求められる。

図1-6 食のサブスクが有する付加価値

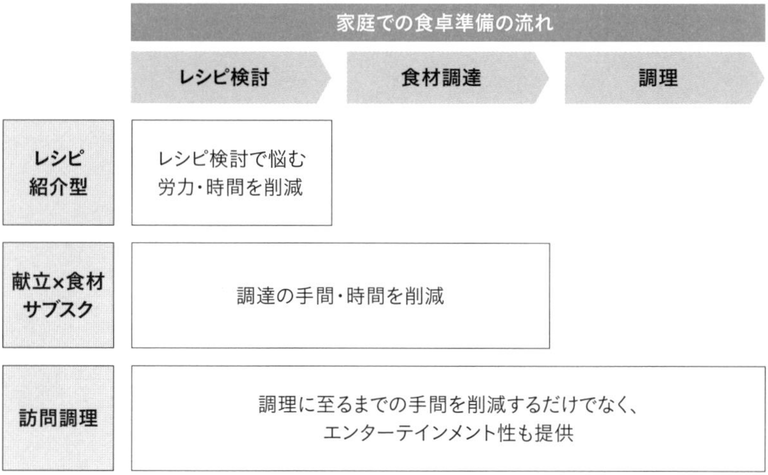

出所）NRI作成

図1-7 サブスク運用のPDCAサイクル

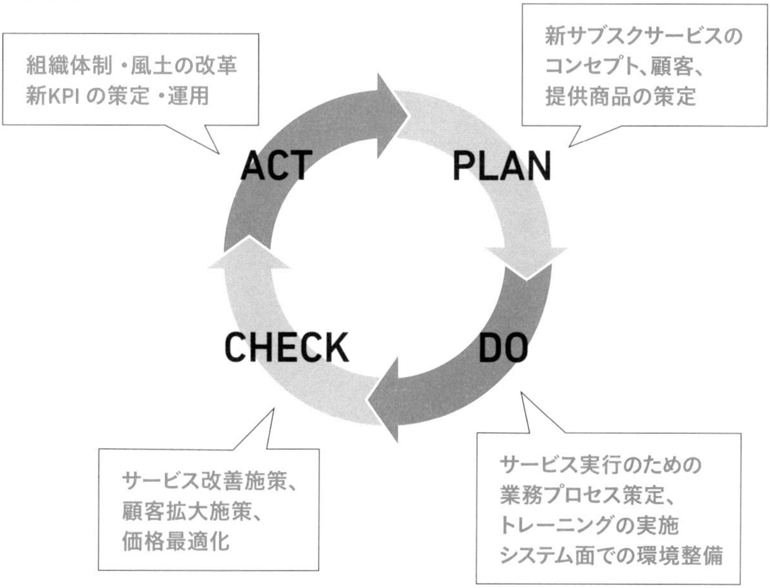

出所）NRI作成

03

完全栄養食

Nutritionally balanced meal

Consultant View

若者をはじめとして、調理にかける時間だけでなく、メニューを考える時間や食べる時間すら削減したい層が登場している。こうした層の台頭とともに、完全栄養食が広がりを見せる。

語句の解説

厚生労働省が策定した「日本人の食事摂取基準」に基づき、日本人の健康に欠かせない1食あたりの必須栄養素をすべて摂取できることを目標に開発された食品。

「完全食」や「完全栄養食品」とも呼ばれ、1食で1日に必要な栄養素の3分の1を摂取することが可能である。

完全栄養食は2013年にソフトウエアエンジニアのロブ・ラインハート氏により開発された。彼は出資を受けてスタートアップ企業を立ち上げるが、資金難に陥る。そんな状況下で、食費を限界まで削ることを思いつき、人間が生きていくためには、35種類の栄養素のみで良いと考え、糖、タンパク質、ビタミンなどの栄養素を粉末状にし、それらを水に溶かした液体を完全栄養食とした。当初はレシピを無料で公開していたが、想定以上の注目を集めたため、事業として立ち上げることとなった。

図1-8 日本人の食事摂取基準（推奨量）

栄養成分	男性					女性				
年齢（歳）	18〜29	30〜49	50〜64	65〜74	75以上	18〜29	30〜49	50〜64	65〜74	75以上
必要エネルギー（kcal/日）	2300	2300	2200	2050	1800	1700	1750	1650	1550	1400
タンパク質（g/日）	75-115	75-115	77-110	77-103	68-90	55-85	57-88	58-83	58-78	53-70
脂質（g/日）	51-77	51-77	49-73	46-68	40-60	38-57	39-58	37-55	34-52	31-47
飽和脂肪酸（g/日）	7以下	7以下	7以下	7以下	7以下	7以下	7以下	7以下	7以下	7以下
n-6系脂肪酸（g/日）	11	10	10	9	8	8	8	8	8	7
n-3系脂肪酸（g/日）	2	2	2.2	2.2	2.1	1.6	1.6	1.9	2	1.8
炭水化物（g/日）	288-374	288-374	275-358	256-333	225-293	213-276	219-284	206-268	194-252	175-228
食物繊維（g/日）	21以上	21以上	21以上	20以上	20以上	18以上	18以上	18以上	17以上	17以上
ナトリウム（g/日）	7.5未満					6.5未満				
カリウム（mg/日）	3,000以上	3,000以上	3,000以上	3,000以上	3,000以上	2,600以上	2,600以上	2,600以上	2,600以上	2,600以上
カルシウム（mg/日）	800	750	750	750	700	650	650	650	650	600
マグネシウム（mg/日）	340	370	370	350	320	270	290	290	280	260
クロム（μg/日）	10	10	10	10	10	500	500	500	500	500
セレン（μg/日）	30	30	30	30	30	25	25	25	25	25
鉄（mg/日）	7.5	7.5	7.5	7.5	7	6.5	6.5	6.5	6	6
亜鉛（g/日）	11	11	11	11	10	8	8	8	8	8
銅（mg/日）	0.9	0.9	0.9	0.9	0.8	0.7	0.7	0.7	0.7	0.7
マンガン（mg/日）	4	4	4	4	4	3.5	3.5	3.5	3.5	3.5
モリブデン（μg/日）	30	30	30	30	25	25	25	25	25	25
ヨウ素（μg/日）	130	130	130	130	130	130	130	130	130	130
リン（mg/日）	3000	3000	3000	3000	3000	3000	3000	3000	3000	3000
ナイアシン（mg/日）	15	15	14	14	13	11	12	11	11	10
パントテン酸（mg/日）	5	5	6	6	6	5	5	5	5	5
ビオチン（μg/日）	50	50	50	50	50	50	50	50	50	50
ビタミンA（μg/日）	850	900	900	850	800	650	700	700	700	650
ビタミンB1（mg/日）	1.4	1.4	1.3	1.3	1.2	1.1	1.1	1.1	1.1	0.9
ビタミンB2（mg/日）	1.6	1.6	1.5	1.5	1.3	1.2	1.2	1.2	1.2	1
ビタミンB6（mg/日）	1.4	1.4	1.4	1.4	1.4	1.1	1.1	1.1	1.1	1.1
ビタミンB12（μg/日）	2.4	2.4	2.4	2.4	2.4	2.4	2.4	2.4	2.4	2.4
ビタミンC（mg/日）	100	100	100	100	100	100	100	100	100	100
ビタミンD（μg/日）	100	100	100	100	100	100	100	100	100	100
ビタミンE（mg/日）	850	900	850	850	750	650	700	700	650	650
ビタミンK（μg/日）	150	150	150	150	150	150	150	150	150	150
葉酸（μg/日）	240	240	240	240	240	240	240	240	240	240

出所）厚生労働省

図1-9 完全栄養食に含まれる栄養素例

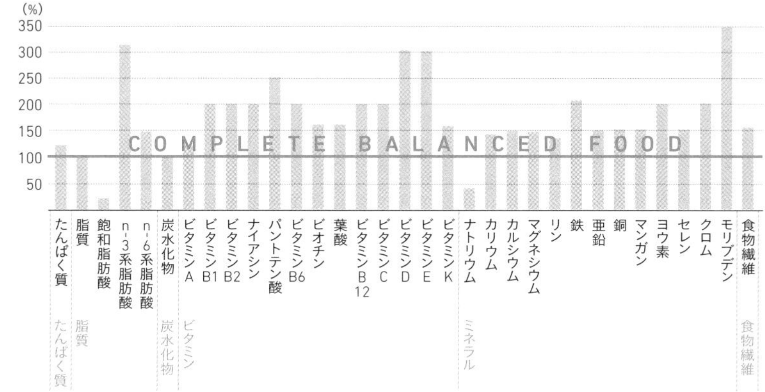

出所）COMP

国内における完全栄養食の取り組み

世界中で肥満や栄養の偏りが問題になっており、健康への意識は年々高まっている。日本では食習慣改善の意思を持つ人が6割を超えており、健康への意識の高まりとともに、完全栄養食が静かに広がりを見せている。完全栄養食は簡単に栄養を摂取できるという点を消費者に訴求している。日本ではCOMPやベースフードなどが有名であり、粉末や液体、クッキー、バーなど多様な形態で発売されている。また、2021年5月、日清食品は中長期成長戦略において「完全栄養食」を新規事業として推進していくことを発表した。日清食品のコンセプトとしてカレーライスなどの既存のメニューを完全栄養食化することを目指している。

食へのコスト意識と今後の成長余地

食費のみならず、何を食べるか考える時間や調理する時間までをもコストとして捉える層が生まれている。完全栄養食は時間的な効率が極めて高い食品であり、こうした層の増加により完全栄養食の広がりは加速していくことが予想される。一方で、完全栄養食の普及には課題がある。1つ目は「味」である。消費者の不満を受け、味の向上が求められる。2つ目が「価格」である。やはり通常の食事に比べると、割高である。3つ目が「消費者との接点」である。現状、オンライン販売が主で、社食やレストランなど日常的に触れる機会が不足しており、認知度の向上が必須である。今後、大手企業の参入に加えて、コンビニやスーパーなどでの販売推進が進み、生産数量の拡大とさらなる消費者ニーズへの対応が行われることが予想される。引き続き成長が期待される領域と想定される。

図1-10 日本での食習慣改善に対する意思

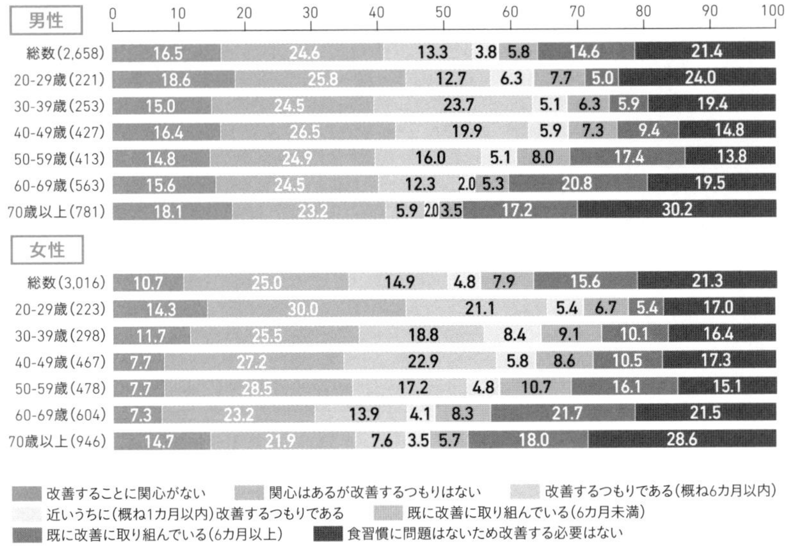

出所)厚生労働省

図1-11 日清食品での既存商品の完全栄養食化への取り組み

完全栄養食のカレーライスは33項目すべての栄養素が摂取可能
加えて、摂取カロリーは47%減少し、飽和脂肪酸摂取量も減少

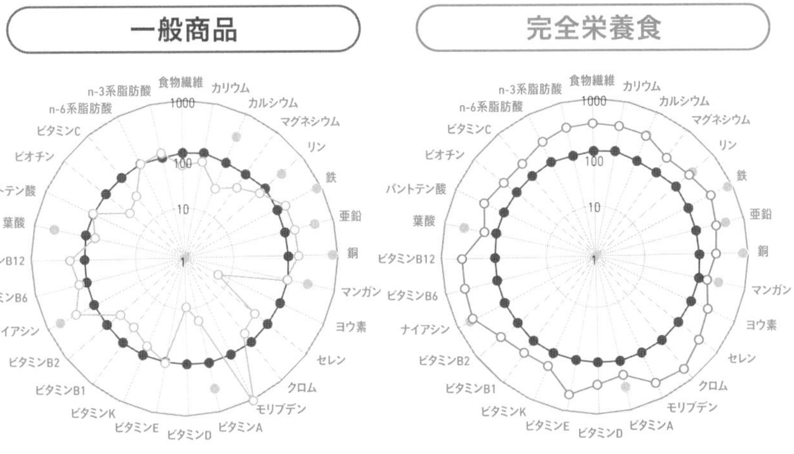

出所)日清食品

04

食のDIY

DIY in Food

Consultant View

人が食事をするまでには、育てる→作る→食べるといった様々な工程が存在し、手間がかかるものである。一方で、それらの工程を趣味として楽しむ食のDIYが広がりを見せている。背景として、SNSの発展が挙げられる。自身が手間をかけて創造したモノ・コトを気軽にインターネット上に投稿できるようになり、多くの方からのリアクションを得ることができる。食は、マズローの5段階欲求でいう最下段の生理的欲求に留まるものではなく、より高位の承認欲求や自己実現欲求に応えるコンテンツとしてさらなる広がりを持っているのではないだろうか。

語句の解説

食べ物を単に「消費」するだけでなく、DIY（“Do it yourself”）の文字通り、自ら育てる/捕獲する・製造する・輸送する・調理する等、一人の消費者が自ら個人としてバリューチェーン上の川上へとその領域を広げる取り組みを「食のDIY」として定義している。市民農園の普及や六次産業の発達、さらには近年のITサービスの普及等により、消費者にとって「食のDIY」を行う可能性・選択肢は大きな広がりを見せている。

図1-12 「食のDIY」の取り組み例

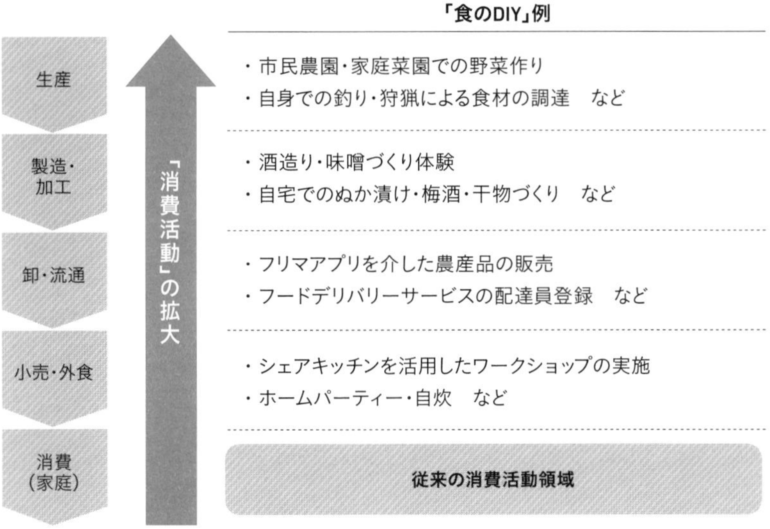

出所）NRI作成

図1-13 市民農園数・面積の推移

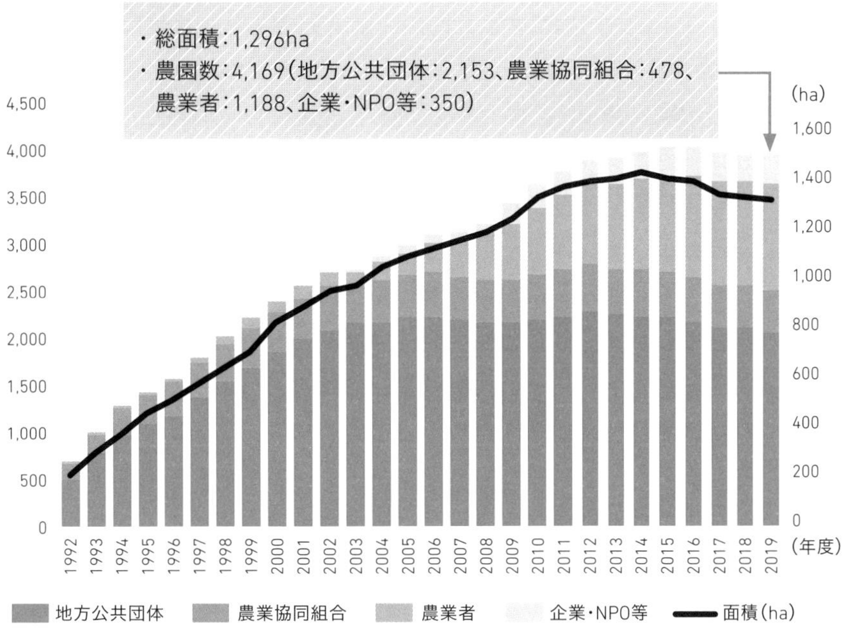

出所）農林水産省

インターネット上で広がる新たな「食」活動

昨今では、インスタグラムで食に特化したインフルエンサーである「デリスタグラマー」が様々な情報を発信している。またネット利用者のうち料理写真などを投稿したことのある人が全体の20%に至っているという過去調査もあるなど、食はインターネット上で重宝されている発信コンテンツの一つといえる。

またインターネットを介して情報を入手するだけでなく、クックパッド等レシピサイトにより気軽に新しい料理に挑戦でき、クラウドファンディングにより農家や食品加工、飲食店などに出資することもできる。このようにインターネット上の「食」は、他者とつながる身近なコンテンツとして広く受け入れられている。

「食のDIY」の持つ可能性

「食のDIY」を行う消費者は、「好きこそものの上手なれ」という言葉もある通り、その道のプロと同等とはいかないまでも、作業をこなすには十分な腕前を持つ。

昨今副業／複業が話題となっているが、歴史をさかのぼると、農業・食分野においては1年のうちの一時だけ農業・食品加工に従事するということは当たり前に行われてきた。現在、食の分野では人手不足や高齢化を背景に新たな労働者が求められており、「食のDIY」活動と食産業の人材不足をつなぐ仕組みは、食産業の持続可能性を高める方策の1つとして期待される。実際に生産分野においては、既に農業人材のマッチングサービスが複数存在している。また中長期的には、こうした活動を通して興味を持つ人が増え、農業分野の事業継承などにつながる可能性もある。

図1-14 インターネット×食の動向

取り組み	概要	イメージ
SNS × 食	インスタグラムでは、料理やテーブルコーディネート等、「食」に関する投稿をメインに活動する「デリスタグラマー」が存在し、数万人規模のフォロワーを獲得している	 出所）Instagram
共有 サイト × 食	クックパッドをはじめとしたレシピ共有サイトでは、ユーザーが自由にレシピを投稿・参照しており、世界最大級のレシピサイトである「Allrecipes」は全世界に約6,030万人の会員を抱えている（2020年1月時点）	 出所）Allrecipes
クラウド ファンディング × 食	インターネットを通じた資金調達であるクラウドファンディングにおいても、新型コロナウイルスの影響を受けた飲食業界への支援や被災地の復興支援等を目的とした、「食」に関連するプロジェクトが見られる	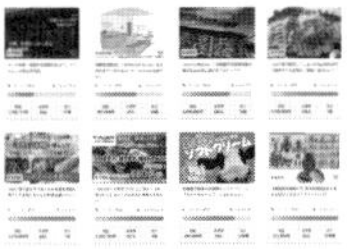 出所）Campfire

図1-15 人材マッチングサービスのモデル図

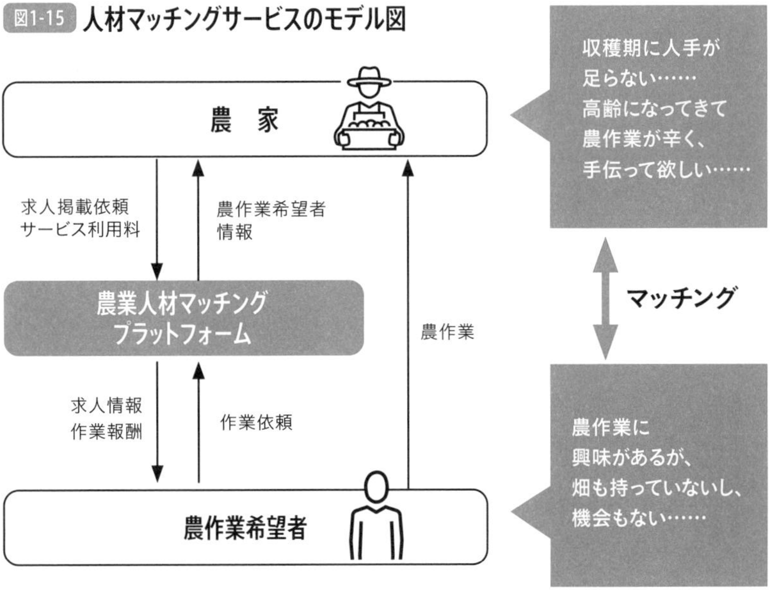

出所）NRI作成

05

新たな「食事」

New/Alternative “Eating” Trend

Consultant View

ライフスタイルの多様化や時間価値の変化により、食事はこれまでの「家族と共に、テレビを見ながら」取るかたちにとどまらず、「個人でネットを見ながら」取るかたちなどへと広がりを見せている。他方、昨今のリモートワークの普及による在宅時間の増加や所得が増えない中での物価上昇など、食事の在り方を見直す機会が増加している。

食事を単なる栄養摂取ではなく、広義にとらえることで新たなビジネスチャンスをつかむことができるのではないか。

語句の解説

「食事」を辞書で引いてみると、「栄養をとるために、習慣的に毎日何度か物を食べること。また、その食べ物」（大辞泉）との説明に行きつき、どこか物足りない印象を受ける。私たちは「食事」と聞くと、食べたものだけでなく、食べた時間や場所、そして共に食べた人々を想像・連想する。また、その目的も栄養摂取だけに留まらないはずである。このように「食事」の概念を拡張した場合、社会・経済・技術などの変化に影響される形で、「食事」も大きく変化し続けている。本書では、このような「食事」に関して起きている新たな潮流や、定着しつつある新たな習慣を『新たな「食事」』と定義することにする。

図1-16 「食事」に起きている変化

「食事」の視点	これまでの「食事」のイメージ	新たに登場してきた「食事」のイメージ
When：いつ食べるか	1日3食、決まった時間に食べる	1日3食とは限らず、いつでも好きなタイミングで食べる(間食・ブランチ等)
Where：どこで食べるか	リビングや食堂、レストラン等特定の場所で食べる	自室やオフィスなどでも食べる
What：何を食べるか	みんなで同じものを食べる(特に家庭において)	各々が好きなものを食べる(個食)
Who (With whom)：誰と食べるか	家族や友人、同僚等と食べる	1人で食べる(孤食)、知らない人と食べる
Why：何を求めて食べるか	生理的欲求、安全欲求、社会的欲求を満たすために食べる	左記に加え、承認欲求、自己実現欲求を満たすために食べる(SNSを通じた自身の「食」の発信、自分へのご褒美等)
How：どのように食べるか	物理的に「食べる」	物理的な「食べる」を伴わず、視覚・聴覚を通して「食べる」(YouTube動画、ASMR等)

出所)NRI作成

図1-17 朝食・夕食を家族と「ほとんど毎日」食べる割合の推移

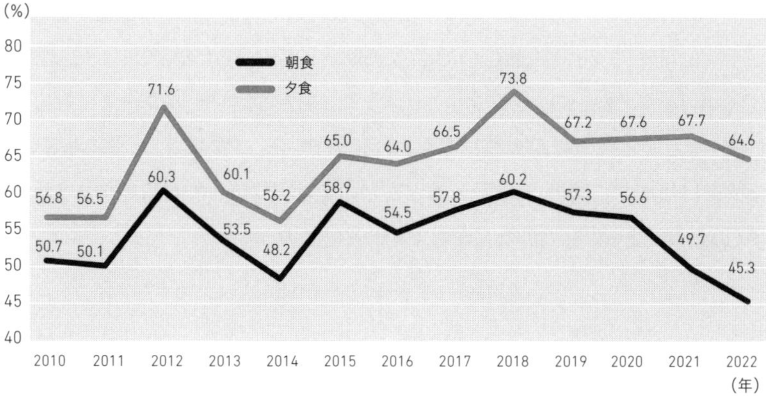

出所)農林水産省

新型コロナウイルスが「食事」に与える影響

2020年初頭より世界的に感染が拡がり、今なお収束への道筋が見えない新型コロナウイルスは、私たちの「食事」にも大きな影響を及ぼしている。農林水産省が2021年に公表した調査によると、新型コロナウイルスの感染拡大により宴会や会食の機会が減少したこともあってか、食事の時間・タイミングの視点では、規則正しい食生活の広がりが見られ、場所の視点では自宅での食事機会の増加が見られた。また食べるものについては、これまで他の活動に費やされていた余暇時間・労力が食事に向けられる傾向があるとともに、健康に対する意識の高まりから食の安全性やバランスへの配慮が見られるようになっている。誰と食事をするかという観点では、家族と食べる回数が増加している。

新たな「食事」におけるビジネスチャンス

コロナによる影響も受けながら日々変化している私たちの「食事」は、一方でフードビジネスのプレイヤーから見ると、新たな消費者のニーズの表出、すなわち新たなビジネスチャンスであると言える。実際に、手軽に調理が可能なミールキットやオフィス設置型の総菜販売サービス、さらには動画など物理的な「食事」を伴わないコンテンツサービスまで、新たな「食事」のニーズに対応した様々なサービス・商品が既に提供され始めている。「食事」は人間の根源的な欲求に依拠し、時間・場所・方法など多様なアプローチが可能であるため、多くの企業にとって魅力的なビジネスチャンスとなりうる。

図1-18 新型コロナウイルスの感染拡大による「食事」への影響

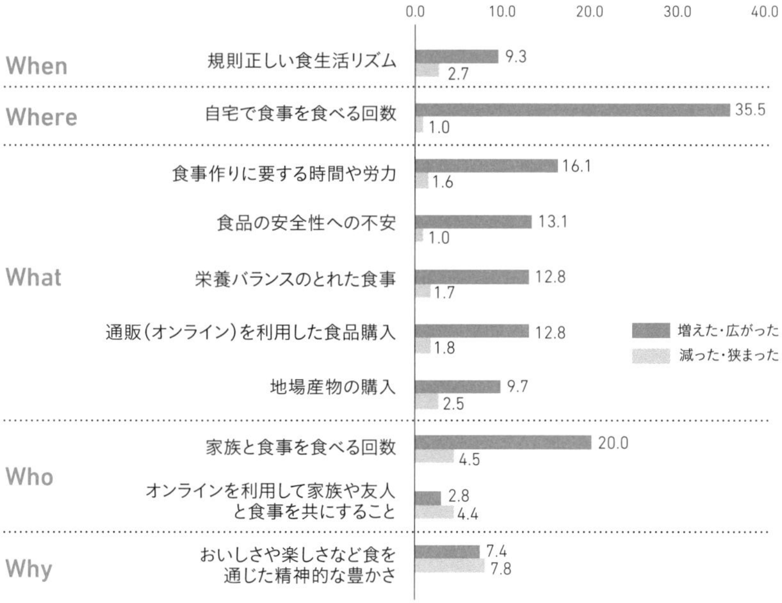

出所）農林水産省

図1-19 新たな「食事」に関するサービス・商品

「食事」の視点	関連サービス・商品例
When： **いつ食べるか**	・好きな時に手軽に調理ができるミールキット ・決まったタイミングで入手できる食品のサブスクリプションサービス
Where： **どこで食べるか**	・オフィス設置型の総菜・菓子等の販売サービス ・中食ニーズに対応したフードデリバリーサービス
What： **何を食べるか**	・個人の趣味嗜好に合わせた（パーソナライズ）食品の提供サービス
Who（With whom）： **誰と食べるか**	・「おひとり様」に着目した外食・中食サービス ・リモート食事会、オンライン飲み会
Why： **何を求めて食べるか**	・健康志向・簡便化志向を踏まえた完全栄養食品 ・「SNS映え」する商品（スイーツ等）
How： **どのように食べるか**	・「食」に関する動画・音声コンテンツ（YouTube動画等）

出所）NRI作成

06

食×エンタメ

Food × Entertainment

Consultant View

従来から、食には人を集める力がある。子供の運動会でのお弁当は楽しみの1つであり、冠婚葬祭に食事はつきもの。また、食を趣味にしている人も多く、食イベントや食番組はいまだに注目を集めるコンテンツであり、食自体がエンタメでもある。

さらに、食事は、1日に3回は消費者と接することができるチャネルであり、食事を広告媒体として捉えなおしてみるなど、食×エンタメの成長余地はまだまだ残されているのではないだろうか。

語句の解説

人々を楽しませる娯楽全般を意味するエンターテインメントであるが、そのコンテンツは、音楽、演劇、ゲーム、映画など多岐にわたる。野村総合研究所の1万人アンケートでは、外食やグルメ、食べ歩きを趣味として位置付けている人も多く、食も人々を楽しませ、幸福を与えるコンテンツの1つと言える。

さらに同アンケートでは、今後積極的にお金を使いたい項目として、食料品や外食を選ぶ人が増えてきており、食との組み合わせのビジネスは今後の成長領域の1つとして位置付けられると考えられる。

図1-20 消費者の食への意識

積極的にお金を使いたい費目

余暇に外食・グルメ・食べ歩きをする人の割合

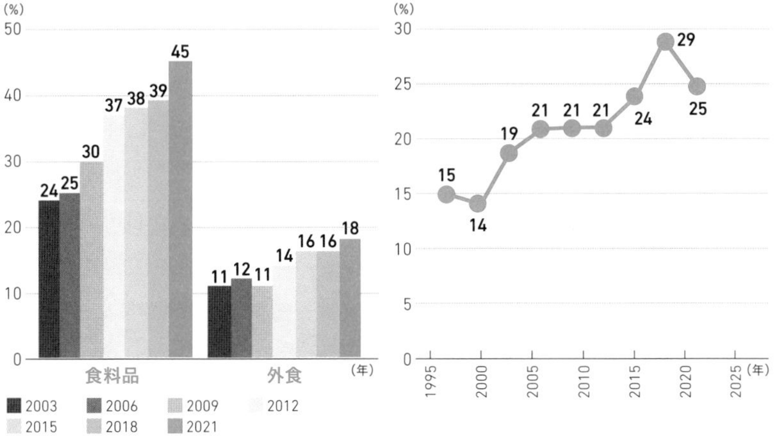

出所）NRI生活者1万人アンケート調査（1997年、2000年、2003年、2006年、2009年、2012年、2015年、2018年、2021年）

図1-21 食×エンタメの例

食×芸術

広大なフィールドにアート作品が点在する越後妻有アートトリエンナーレでは、ミシュラン星付きレストランのシェフが監修するランチがさらなる魅力を追加

食×旅

国際線の機内食に和食を用意するおもてなしや、都内ホテルで全国の郷土料理をビュッフェ形式で提供するなど、食の力でサービスのクオリティ向上を目指す

食×文化／歴史

笹山遺跡では、縄文土器調理体験の中で縄文土器と当時の食材を使って、調理を体験し、フルコースを作るという、歴史と食を複合したエンタメを提供

食×イノベーション

スペインのとある高級レストランではVRやプロジェクションマッピングといった技術を使ったディナーショーを開催。VRゴーグルをかけて楽しむ食事は一人あたり22万円するという

食×スポーツ

かすみがうら市では自然を満喫するサイクリングコースと果物狩りや果樹園内での飲食、スイーツ料理を組み合わせることで人気を集めている

出所）NRI作成

食が地域経済活性化の火付け役に

「食×地域」を代表するご当地グルメの祭典「B-1グランプリ」の第1回が2006年に青森県八戸市で開催された。その後B-1グランプリは継続的に開催され、2010年に神奈川県厚木市で開催された際の経済効果は60億円に達したという。

吉本興業は農林水産省とタッグを組み、「ニッポンフードシフト」と銘打って農業と食品産業の発展に向けた取り組みを行っている。芸人が食の現場を取材した動画はニッポンフードシフトの公式ウェブサイトに掲載されており、あらゆる人々と行政が一体となって食について考え、議論し、行動することを促している。

食が持つ集客の力

農林水産省は、2020年から「食かけるプロジェクト」と題して、訪日する外国人に向けて国内の食とアート・歴史などの異分野を組み合わせた体験事例を全国各地から募集し、情報発信している。日本食、日本酒は外国人観光客からの人気が非常に高く、訪日する理由でも上位にランクインする。

従来はテレビのグルメ番組で放送されてきた食レポも、近年はYouTubeをはじめとした他のチャネルでも行われるようになっており、ダイエットから大食いまで様々なコンテンツが人気を博している。

食×場所で発揮されるエンタメ性もあり、スタジアムやアリーナ、遊園地、映画館、海、山など様々な場所が食との掛け合わせで集客している。単なる衣食住にとどまらず、食はコンテンツにエンタメ性を付与する一つの手段ともなりうる。

図1-22 日本人が国内旅行に寄せる期待

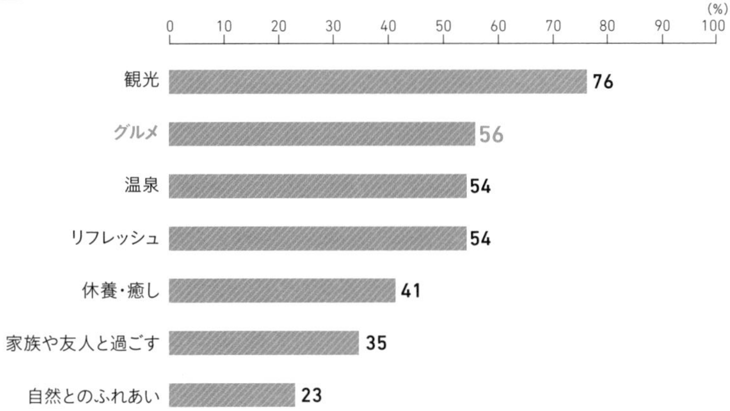

出所）オレンジページ

図1-23 外国人観光客が日本に寄せる期待

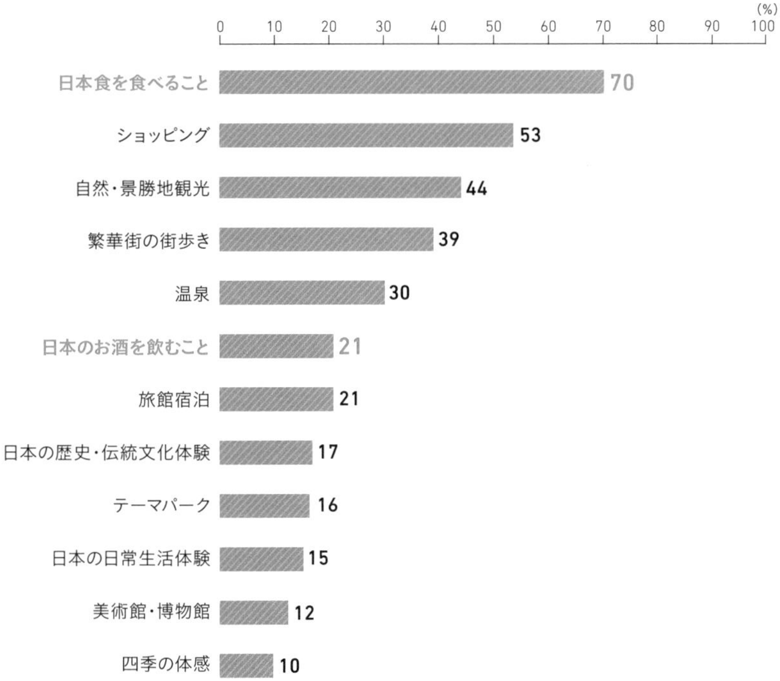

出所）観光庁

07

フードダイバーシティ

Food Diversity

Consultant View

日本国内には、各地域独特の食文化があり、従来より多様な食が存在している。さらに食の工業化は一巡し、多くの企業は大量生産だけでなく、食の多様性対応を次なる成長領域と位置付けている。

一方で、訪日外国人の増加などを背景に、海外の食文化への対応も求められている。食の多様性と大きくは同義であるが、今後はグローバルな視点も踏まえたフードダイバーシティとしての対応が成長領域となっていくのではないだろうか。

語句の解説

従前使われていた「食の多様性」という言葉に、アレルギーや食の禁忌といった要素を加えて多様性をより広義に捉えた「フードダイバーシティ」という言葉が昨今使われている。「食の禁忌」の代表例には、動物性食品を避けた食生活を営むベジタリアン、食事に宗教上の制限が設けられているハラールが挙げられる。

日本ではフードダイバーシティという言葉はあまりなじみがないが、それは日本が宗教的多様性の少ない国だからである。また世界のベジタリアン割合10%と比較して日本は4%と、「食の禁忌」を抱える国民が他国と比較して少ない。

図1-24 「食の多様性」の分類一覧

大分類	中分類	小分類		備考
アレルギー	特定原材料28品目	特定原材料7品目	卵、小麦、乳、えび、かに、そば、落花生	
		残り21品目	あわび、いか、いくら、オレンジ、カシューナッツ、キウイフルーツ、牛肉、くるみ、ごま、さけ、さば、大豆、鶏肉、バナナ、豚肉、まつたけ、もも、やまいも、りんご、ゼラチン、アーモンド	
食の禁忌	宗教	イスラム教	ハラール	
		ユダヤ教	コーシャー	
		ヒンドゥー教	基本ベジタリアン	
		ジャイナ教	基本ベジタリアン、根菜類フリー	
		仏教	五蓋フリー、精進料理	
		キリスト教	金曜は肉を避ける等	
	主義	ベジタリアン	ヴィーガン、ラクト、オボ、ラクト・オボ、五蓋フリー	動物愛護、環境問題、健康志向、ダイエット、その他
		健康志向	グルテンフリー、マクロビオティック、オーガニック	
	病気（予防も含む）	糖質制限、塩分制限、低尿酸値		一部主義も含む
好き嫌い	文化・習慣	生魚、生肉、生卵等		
	未知のモノ	納豆など		

出所）Food Diversity Inc.

図1-25 国/地域別ベジタリアン比率

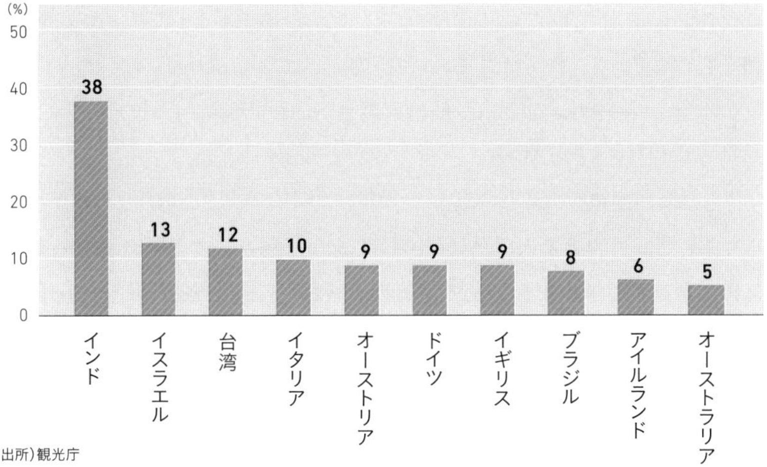

出所）観光庁

世界のフードダイバーシティビジネス

世界では、日本で見られないフードダイバーシティを利用したビジネスが存在する。

宗教による食の禁忌の例では、イスラム国家のにおけるラマダン商戦が代表的である。イスラム教徒たちはラマダン期間中、日の出から日没まで飲食しない代わりに、日没後は豪勢な食事を取る習慣がある。サービス提供者は、外食頻度や1回あたりの消費額の増加を機会に限定セールや限定品を用意し消費を促す。

ヴィーガン向けホテルでは、ヴィーガンフードの提供に加えて動物性素材を含まない備品の設置、環境負荷の低い掃除を実施するなど、食にとどまらないサービスまで提供している。

日本でフードダイバーシティは普及するか

フードダイバーシティになじみの薄い日本でも、今後はフードダイバーシティへの取り組みの必要性が高まる可能性がある。

日本政府は観光先進国に向けてインバウンド需要拡大への対応を進めて、訪日外国人増加に伴って国内の飲食店に向けてもフードダイバーシティの具体策を整理している。例えばムスリム旅行者向けには「ムスリムおもてなしガイドブック」を、ヴィーガン向けには「飲食事業者等におけるベジタリアン・ヴィーガン対応ガイド」をまとめている。

さらに環境問題への関心の高まりが国内のヴィーガン人口増加につながる可能性もある。世界の全人口がヴィーガンになった場合、食産業の温室効果ガス排出量を70%減少することができるという試算もあり、環境問題を和らげる一つの手段ともなりうる。

図1-26 日本企業の取組事例

取組分類	企業名	説明
ハラール向け対応	キユーピー	ハラール基準に準拠して生産工場を設置、認証を取得し、マヨネーズ、ドレッシングなどを生産
	味の素	インドネシアでハラール認証を取得し、調味料(Masako)の製造ノウハウを持つ。中東への事業展開も進めている
ヴィーガン・ベジタリアン向け対応	ヤマダイ	動物性食材を使わないカップ麺を開発 スーパー、コンビニなどで販売
	オイシックス・ラ・大地	米国のヴィーガン料理キット会社を買収 日本でも宅配開始
	オノデラグループ	運営を請け負う社員食堂などでヴィーガンメニューを提供
	日本ハム	大豆などから作ったハムやソーセージなどを商品化
	伊藤ハム	大豆たんぱくを使ったカツやソーセージなどを商品化
	丸大食品	大豆由来のハンバーグや唐揚げなどを商品化
	日本アクセス	大豆を主原料としたハンバーグやソーセージなどを商品化

出所)農林水産省

図1-27 国/地域別推計訪日ベジタリアン等旅行者総数

訪日ベジタリアン等旅行者は145~190万人/年程度、
飲食費は約450-600億円/年程度の規模と推計

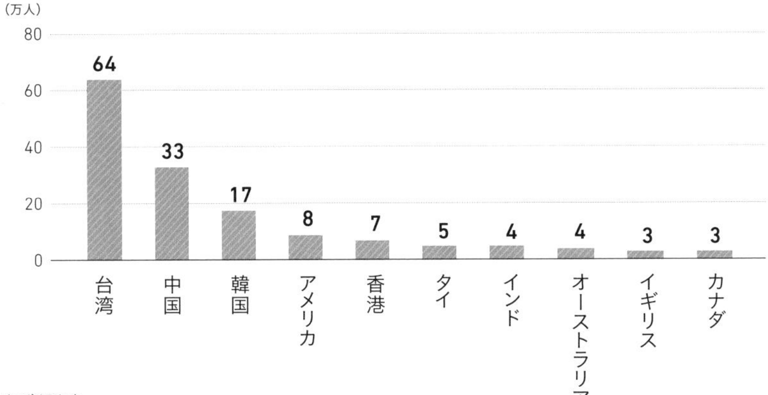

出所)観光庁

第2章

食にもたらされる
新しい技術

第2章　食にもたらされる新しい技術

ヒトと自然との闘い、今後さらに求められる自然との共存

もともとヒトは動物を狩り、植物を採取する狩猟民族であったが、農耕文化が根付いて以来、食料獲得の闘いの対象は、動植物から自然環境に変化した。農耕の障壁となる気候や害虫をいかにコントロールするか、そのために様々な技術が開発され、普及してきた。

同テーマを牽引するのは、デジタルテクノロジーとバイオテクノロジーである。デジタルにおいては、他産業が先行してきたように機械化、自動化、データ活用といった取り組みが進んできている。バイオについては、遺伝子組み換え、ゲノム編集といった取り組みが日進月歩で進むとともに、いまだ解明されていない生物のメカニズムに関する研究とそこで生み出される画期的な技術の登場に期待が寄せられている。

これら新技術の開発や普及拡大に向けた活動は、アグリテックやフードテックといったキーワードとともに業界内外から投資が進んできていた。その背景は、増加を続ける世界の人口に対して、いかに効率的に食料を供給するかといった視点であった。

昨今、その新技術への期待や投資は、勢いを増してきている。その背景には、自然との共存がある。持続可能・サステナビリティといったキーワードが新たに加わり、ヒトにも動植物にも、さらには地球環境にも優しい農業システムを確立すべく、世界各国の行政機関・企業が活動を始めている。

Chapter. 2

取り扱いテーマ	背景となる事業環境の変化
交配育種／遺伝子組み換え／ゲノム編集 バイオ農薬	バイオテクノロジーは一般消費者から縁遠いキーワードであったが、ゲノム編集食品であるトマトや大豆、マダイなどが登場し、消費者との距離が近づきつつある。 また、環境保護がより深刻な社会課題になる中で、有機農業の拡大、そして解決の一助となるバイオ農薬への注目が集まってきている。
農業ビッグデータ 農業×5G	農業は、天候や病害虫、水やり、施肥など様々な変数への対応が求められる経済活動である。さらに、情報インフラ整備が伴っていない地域での活動が必要な場合もある。一方、昨今、これら変数を見える化するデバイスの開発が進みつつあるとともに、通信環境も進化をしており、デジタルを活用した農業を実践できる環境が整いつつある。
スマート農業（植物工場／垂直農場） スマート畜産業 養殖（海面養殖／陸上養殖） スマート漁業	各種の農業データを取得するセンサー、また、データ分析を支える人工知能、そして、データ分析を踏まえた対応策を実施するロボットの導入が、農林水産業の各分野（園芸・畜産・漁業など）で進んでいる。 各種技術のさらなる進化は引き続き必要なものの、これらの取り組みを進める事業者は、「新技術の活用」に関わる制度設計、さらには、新技術を通じて生産された農林水産品のマーケットづくりに課題を感じている。
代替肉／培養肉 急速冷凍／特殊冷凍 食品トレーサビリティ	食産業が長きにわたり直面している課題の一つに、生産者から消費者に至るまでの多段階の流通構造における品質の維持がある。 課題解決にあたり、生産方法を変える、保管方法を変える、輸送方法を変えるなど、様々な工夫とそれを支える新技術が登場してきている。

08

交配育種／遺伝子組み換え／ゲノム編集

Breeding / Gene recombination / Genome-editing

Consultant View

狩猟民族から農耕民族に変わる過程で、食料獲得における戦いの相手が生物自体から自然環境へと移り変わった。人類は自身を取り巻く自然環境の中でも調達可能な動植物を育成するべく、交配育種、遺伝子組み換え、ゲノム編集と様々な対抗策を展開してきたが、種の改良が人間に及ぼす悪影響が懸念される。安全面、また、食への嗜好性を考慮した取り組みが求められている。

語句の解説

交配育種

目的の特性を持つ品種に至るまで、何度も交配を繰り返す品種改良技術の手法。偶然に頼るものであり、時間を要する。

遺伝子組み換え

新たな特性の組み込みを狙い、他の生物が持つ「害虫に強い遺伝子」を抽出し、作物のゲノム（≒遺伝子の集まり）に付与する品種改良技術の手法。

ゲノム編集

他の生物の遺伝子を組み込むことなく、ゲノムを書き換えることで新たな特性を狙って付与する品種改良技術の手法。

図2-1 交配育種・遺伝子組み換え・ゲノム編集の違い

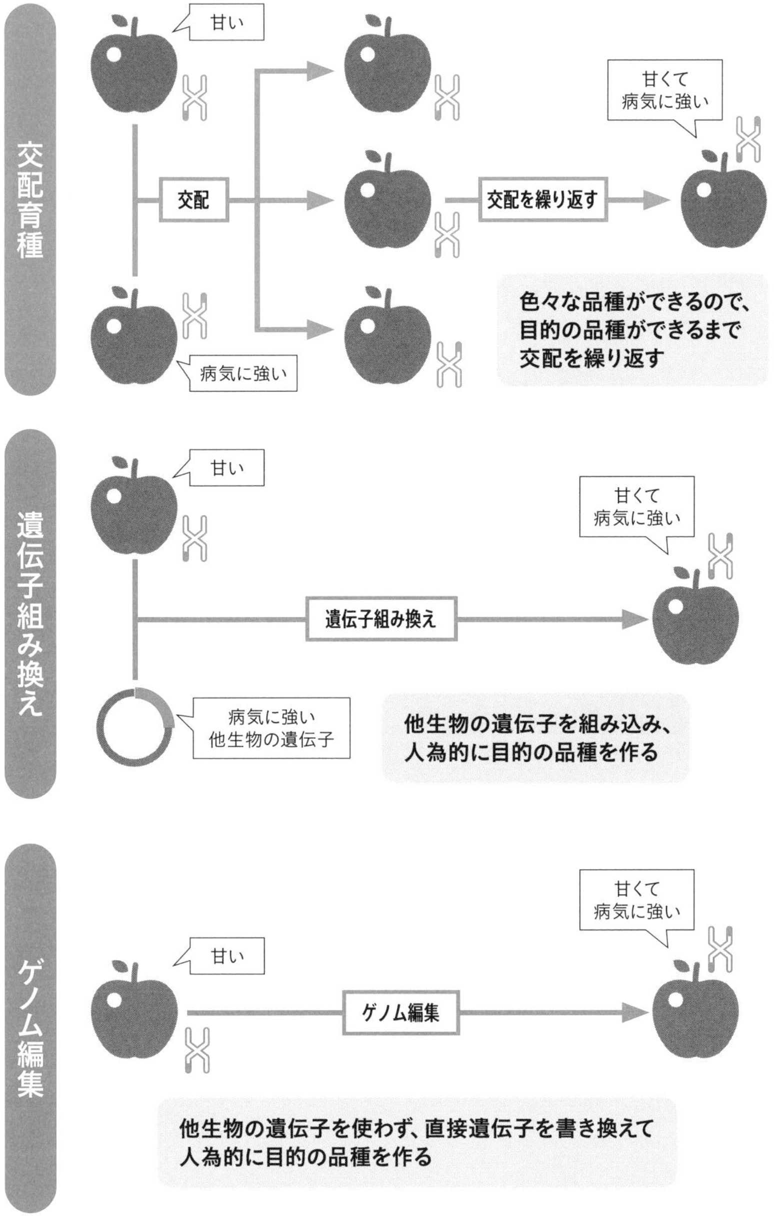

出所）NRI作成

社会への受け入れられ方の違い

1994年にアメリカで初めての遺伝子組み換え食品が販売されてから、遺伝子組み換え食品は瞬く間に世界に広がった。日本に登場したのはその2年後であったものの、2001年まで国内の法整備が間に合わず、人体への害と環境への悪影響が大きな問題となった。例えば殺虫性を有する遺伝子組み換えトウモロコシは、殺虫成分が人体に害を及ぼしたり、生態系へ悪影響を与えたりするのではと考えられた。法制度が整備された今、賛否両論はありながらも、その実用性の高さから、市場には遺伝子組み換え作物が流通している。

こうした中でゲノム編集は、遺伝子組み換え技術に対する賛否両論の状況に一石を投じた。他生物の遺伝子を組み込まずに、実用性の高い品種を人為的に作ることが可能となったからである。2021年9月にはゲノム編集食品として初めて、高リコピンのトマトが販売された。他にも肉厚のマダイや高オレイン酸の大豆など、様々なゲノム編集食品が誕生し始めている。

減少する日本産の新しい品種

日本の食料品輸出のさらなる拡大には魅力ある新品種の開発が急務だが、日本での新品種の出願件数は減少している。魅力ある品種開発には時間を要し、必ずしも成功するとは限らない。

例えばシャインマスカットは試験の開始から登録まで18年かかり、13人の研究者が携わった。しかし新品種はいったん開発されると第三者が簡単に増殖できる。新品種の開発はコストに見合わないという指摘もあり、農水省は投資環境の改善に取り組んでいる。

図2-2 **日本で流通している遺伝子組み換え作物**

出所）農林水産省

図2-3 **各国の品種登録出願数**

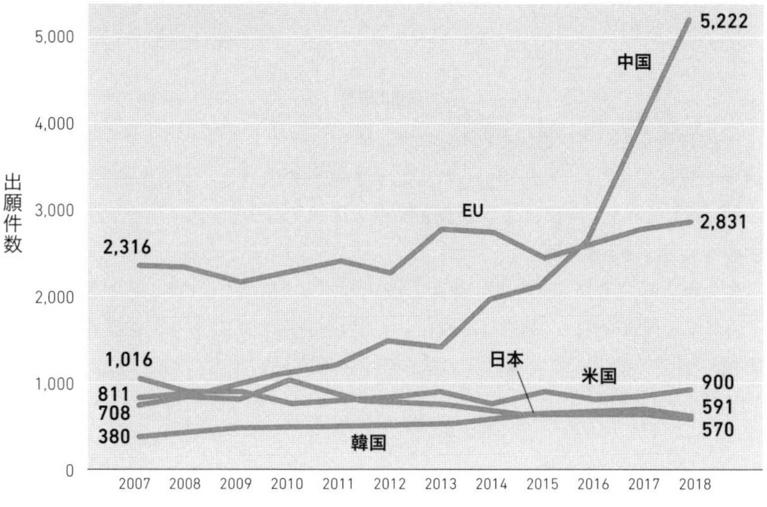

出所）植物新品種保護国際同盟

09

バイオ農薬

Biopesticide

Consultant View

病害虫や雑草などにより、現在の農産物生産において農薬がなければ、人類が必要とする食料確保は難しいと言われている。他方、従来の農薬による環境への影響を危惧する声も大きくなってきており、天敵昆虫、微生物といった生物の持つ力を活用して、自然への影響が少ない形で防除を行うバイオ農薬への期待が高まっている。

語句の解説

一般に農薬といって想起されるものは、植物に発生する害虫や病気を退治したり、雑草を抜いたりするために用いられる化学物質であり、「化学農薬」と呼ばれている。これに対してバイオ農薬は化学農薬と同様の用途でありながら、化学物質ではなく生物を利用するものを指す。

主には、昆虫やダニ、線虫、真菌、細菌がバイオ農薬として用いられる。害虫の天敵である昆虫やダニ、線虫は捕食により害虫を退治することから天敵製剤と呼ばれ、真菌や細菌は害虫への殺傷効果のある微生物として製剤化されていることから微生物製剤と呼ばれる。

図2-4 バイオ農薬と化学農薬の違い

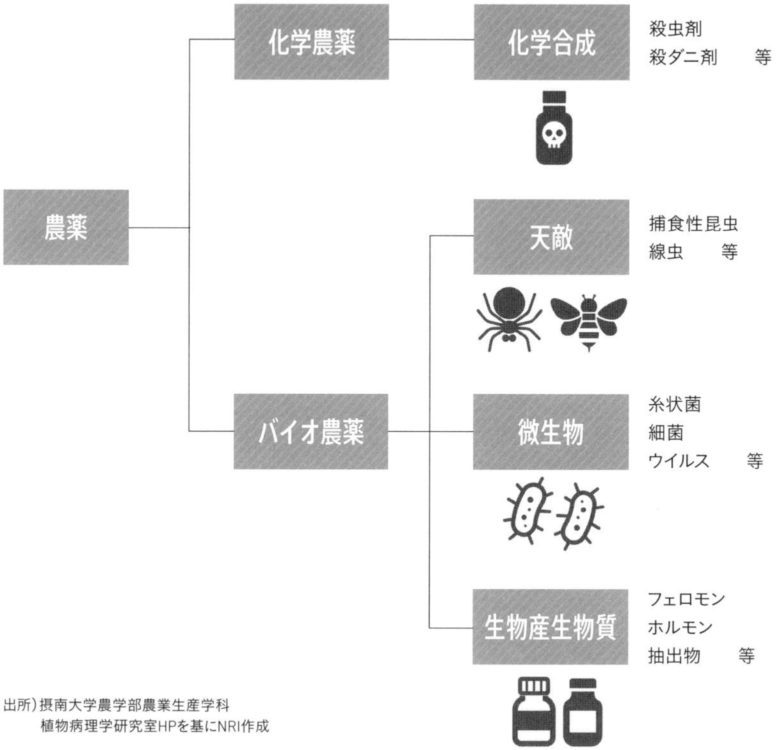

出所）摂南大学農学部農業生産学科
植物病理学研究室HPを基にNRI作成

図2-5 バイオ農薬の利点

項目	化学農薬	生物農薬
殺虫効果	速い	遅い
効果持続性	なし	あり
選択性	広い	狭い
抵抗性	出やすい	狭い
安全性	薬剤による	出にくい
効力の標準化	容易	難しい
生産性	高い	やや低い

出所）独立行政法人 農畜産業振興機構

バイオ農薬の優れた点

化学農薬と比較したバイオ農薬の最大の利点は、標的以外の生物への影響が少ないことである。バイオ農薬は自然界に存在する生物を病害虫防除に利用したものであり、収穫物の残留毒性の懸念はなく、環境への負荷が少ない。加えて捕食(天敵製剤)や栄養競合など、病害虫の発生環境をコントロールする農薬が多いことから、抵抗性が発生しにくいため、使用回数に制限がない。さらに化学農薬と比べて試験項目が少なく、市場に出すまでの時間を短縮できるため、開発コストやリードタイムの面でも優れている。

バイオ農薬への期待

2021年3月、農林水産省はSDGsや環境への配慮を求める国内外の動きを考慮し、有機農業の拡大などを織り交ぜた「みどりの食料システム戦略」を策定した。これは生産環境の改善・向上だけでなく、環境負荷の軽減も目的としている。農薬利用に関する目標では「化学農薬のみに依存しない体系や従来の殺虫剤に変わる新規農薬等の開発により、2050年までに化学農薬使用量の50%低減を目指す」ことを掲げている。具体的な取り組みの1つとして、バイオ農薬の活用技術の開発が挙げられている。

今後、さらなる拡大も

グローバルインフォメーションの調査によると、世界のバイオ農薬市場は2020年に約5,350億円の規模に達しており、2021年から2026年の間に年平均約14%で成長すると試算されている。新たな防除法として、普及が期待されており、今後もさらに拡大していくことが予想される。

図2-6 みどりの食料システム戦略（ゼロエミッション達成と持続的発展に向けた取組）

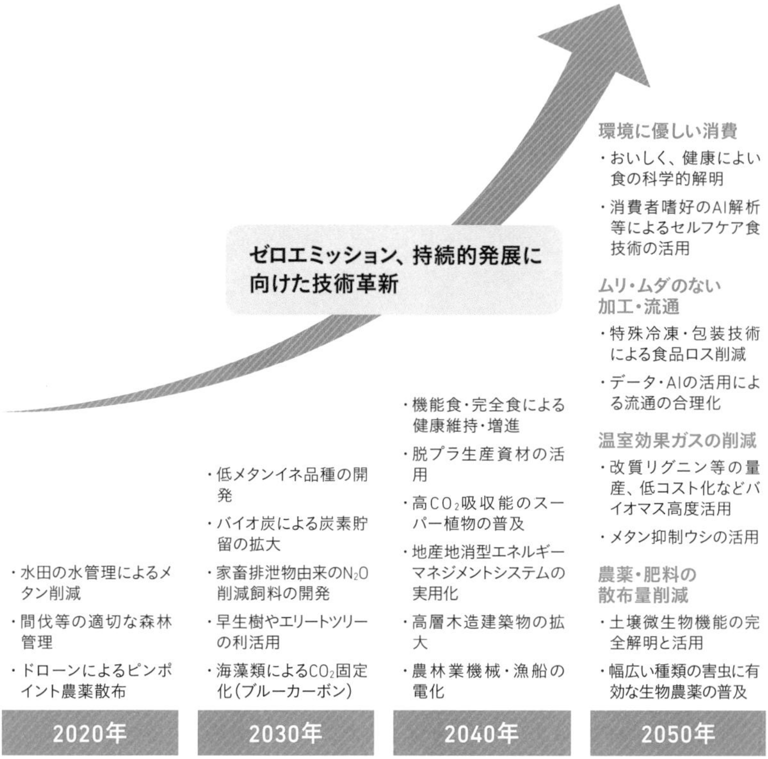

出所）農林水産省

図2-7 世界のバイオ農薬市場規模

（丸の中の数値は年平均成長率）

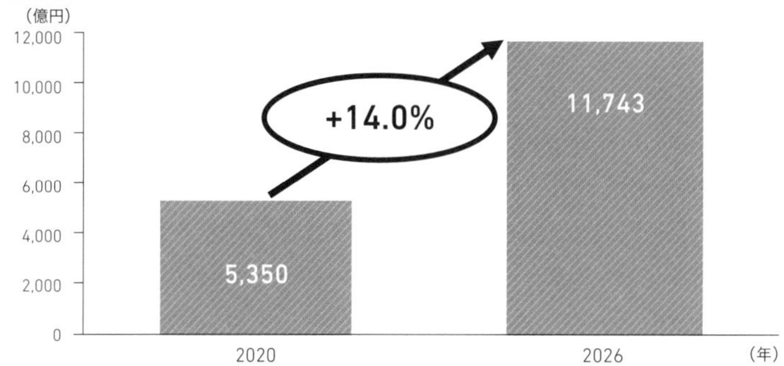

出所）株式会社グローバルインフォメーション

10

農業ビッグデータ

Agricultural Big Data

Consultant View

農業を営むにあたり、農家は、天候変化や病害虫対応、水やりや施肥など、様々な事項への対処が必要である。その変数は非常に多く、さらに相互に関連するため、多くの農家は今までの経験に基づいた「農家の勘」に依存している。

昨今、多様なICTデバイスが開発され、今までの農家の勘を見える化すべく、様々な取り組みが進められている。

語句の解説

農業に関わる膨大かつ多様で複雑なデータのこと。主な農業データとしては、環境データ、管理データ、生体データがある。環境データは植物が育つ環境に関わるデータ、管理データは人が行ったマネジメントに関するデータ、生体データは作物の生育状況に関するデータを指す。

データ収集から農家による活用までの各段階に様々な課題が潜んでおり、ビッグデータの活用は一筋縄ではいかない。例えば過去データの量は課題の一つであり、米国では約100年分のデータをデジタルで蓄積しつつあるが、日本では過去データのデジタル化が進んでおらず、十分に活用できていない。

図2-8 主な農業ビッグデータ

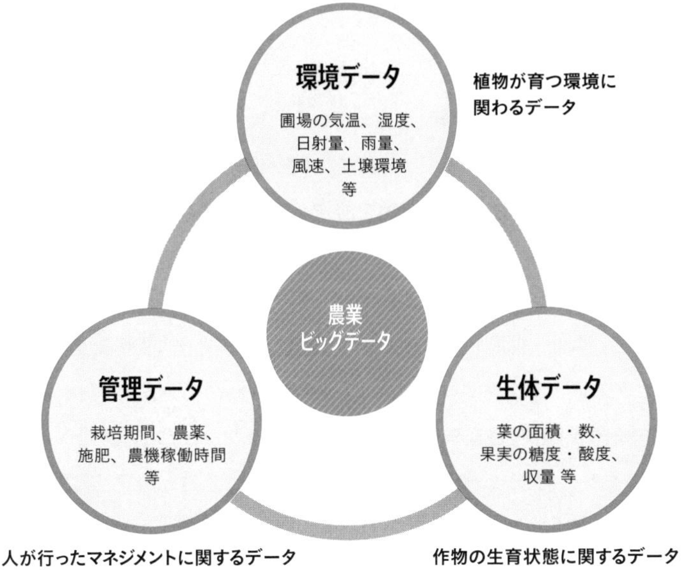

出所）OPTiM Corp.

図2-9 データ活用に向けた課題

Input（収集・蓄積）	Process（分析）	Output（農家による活用）
・作物を反復的に作ることには時間がかかるため、データ収集にも長い期間が必要 ・ハードウェア(センサー等)を購入するコストやハードウェア導入による異物混入リスクがある	・過去データはデジタル化されていないもの(手書き等)が多く、すぐに使える状態にない ・過去データだけでは、分析に必要十分でない場合も多い。また、変数が多いため分析が難しい	・従来の農業手法から新規手法への変更が難しい(年1回しか収穫しない作物は特にリスクを取りにくい) ・デジタルに弱い農家も多く、使いやすいユーザーインターフェースが必要

出所）各種公開情報よりNRI作成

ビッグデータ活用への期待の高まり

農業を取り囲む環境は近年厳しくなっている。安定的な生産を維持していくためには、農業従事者数減少や、生産性の伸び悩み、異常気象をはじめとした環境リスク発生といった様々な課題を解決していく必要がある。

近年スマート農業などが高まりを見せ始めているように、これまで経験や勘に頼ることが多かった農業分野においても、デジタル技術の活用が進みつつある。AIやIoT活用は、生産性向上やリスク軽減などに役立つものであり、その中で農業ビッグデータは重要な情報として活用され始めている。また、消費者ニーズが多様化する中で、プロダクトアウトからマーケットイン型農業への転換も求められており、農業ビッグデータに加え、市場・流通・経営のビッグデータ活用も重要である。

農業ベンチャーの台頭

ビッグデータを活用した農業ベンチャーが多数登場しており、生産性向上に寄与している。

プラントライフシステムズは、生体センシング技術を持つ数少ない企業であり、トマトをはじめとした施設栽培に注力している。サンゴ砂を使用したアルカリ培地と養液を組み合わせたAIセンサーシステムを用いることで、栄養価と糖度の高いトマトを安定的に作ることを可能としている。エイチ・アイ・エスが当該技術を利用した実証実験を2021年12月より開始するなど、活用が進んでいる。

図2-10 主な農業課題とビッグデータの活用方法

農家の抱える主な課題	ビッグデータの活用方法
農業就業者の減少・人手不足	ビッグデータを活用し、ノウハウを見える化することで、新規参入しやすい仕組みを構築
伸び悩む生産性	ビッグデータ解析により、土壌、気象、作物等の因果関係を解明し、圃場等に応じた最適な栽培管理を割り出して収量向上に寄与
温暖化等の新たなリスク発生	ビッグデータを基に、高精度な気象や生育の予測を可能にすることで、先回りしてリスクに対応
多様化する需要への対応	市場や流通業者、経営のビッグデータ活用により、様々なニーズに対応した戦略的な生産や販売を実施

出所）各種公開情報よりNRI作成

図2-11 ビッグデータを活用した農業ベンチャー

企業名	設立	主な提供サービス
ルートレック・ネットワークス	2005年8月	センサーから取得した土壌環境データや日射データを基に、少量多頻度の灌水を実現（AI潅水施肥システム）
ベジタリア	2010年10月	圃場の環境情報・作物生育状況等について、センシングやビッグデータのAI解析を適用し、高品質で安定的な農作物生産を実現
プラントライフシステムズ	2014年10月	作物の生育状況を正確に予測するための独自のセンサーシステムとAIを組み合わせた農法を開発・提供することで、糖度・品質・収量等の向上を実現
ListenField	2017年6月	農業環境データの集約、作物の健康状態の監視、成長と品質の予測等により、作付けから収穫までの生産性の向上を実現

出所）各種公開情報よりNRI作成

11

農業×5G

Agriculture × 5G

Consultant View

農業の非効率性や人手不足の要因として、各種作業の自動化がなかなか進んでいないこと、その結果、農地に人が赴かなければ作業が成立しないということがある。

5Gを通じて農地と農家、さらには生産地と消費地が情報連携することで、最適な農業生産、また、農作業の省力化、そしてリモート化を進めていくことが期待される。

語句の解説

5G

第5世代移動通信システムの略であり、4Gに代わる新たな通信システム。特徴として、超高速、超低遅延、多数同時接続の3点が挙げられ、農業分野においては農機の自動運転などへの活用が期待されている。

パブリック5G、ローカル5G、プライベート5Gの3種類に分けられ、農業分野においては主にローカル5Gが用いられている。

JEITA調査によるとローカル5Gの国内市場は2020年にて約62億円と小さいものの、今後成長が見込まれる技術であり、2030年には約1兆3,000億円まで伸長する見通しとなっている。

図2-12 5Gの特徴

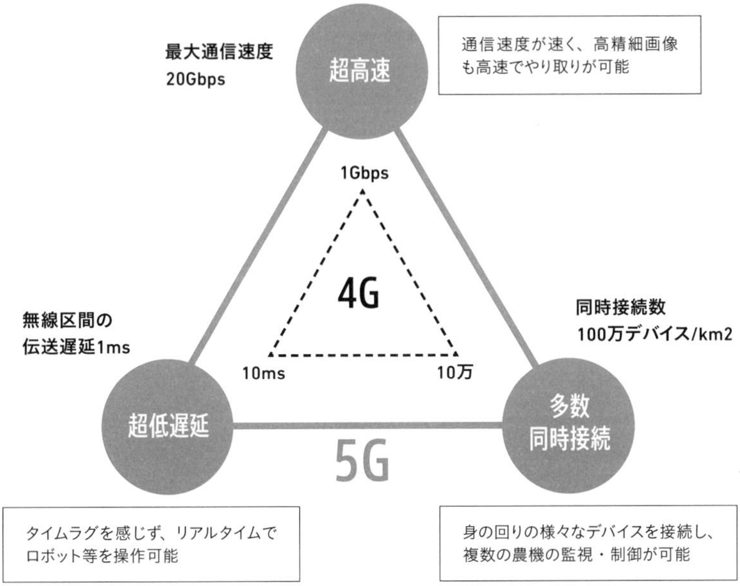

出所）オロ公開情報を参考にNRI作成

図2-13 5Gの種類

	パブリック5G	プライベート5G	ローカル5G
概要	通信事業者が全国的に提供する5Gネットワーク	通信事業者に割り当てられた周波数帯を使い、限定的なエリア向けに構築する5Gネットワーク。ローカル5Gと比較し、構築の手間やコストを削減できる	独自に割り当てられた周波数帯を使い、限定的なエリア向けに構築する5Gネットワーク。プライベート5Gよりもセキュリティが高く、周囲のネットワーク環境の影響を受けにくい
利用者	一般利用者 (通信事業者のサービスを契約した方)	企業・自治体等	
利用エリア	全国(エリア拡大中)	限定的なエリア (企業・自治体内等)	
構築・運用者	通信事業者		企業・自治体等
想定用途	自動運転技術、遠隔医療、エンターテイメント	スマート工場、スマート農業、建設機器のオペレーション	

出所）各種公開情報よりNRI作成

スマート農業の広まりと先端技術としての5G活用

農業課題の解決、さらには日本農業の国際的な競争力強化に向け、ICTやロボット技術活用への期待が高まっている。2020年にはスマート農業が農業改革のための具体的施策として、農林水産省の成長戦略に位置づけられた。

スマート農業実現に際し、5Gは有用な先端技術であり、注目を集めている。これまでの通信技術では、スマート農業に必要な大量のデータや通信速度に対応することが難しかった。5Gの特徴を生かすことで、育成状態・気候といった情報をより詳細かつリアルタイムにモニタリングしたり、より細かい指示を無人農機やドローンに遠隔操作などで指示することができる。

政府主導のローカル5G普及促進

農林水産省では、農業の生産性の飛躍的向上のために、ローカル5Gを活用した取組支援として、スマート農業加速化実証プロジェクト(ローカル5G)を2020年より実施している。

例えば、いちご栽培における実証が挙げられる。生産者であるいちご畑に加え、NTT東日本、武蔵野銀行、深谷市ほか多くのメンバーが参画している。ローカル5Gやロボット、AIといった最先端技術を活用し、いちごの病害検知、熟度別数量把握、いちごの密集状況の検知・来園者誘導に関する実証を行っており、実証を通じてローカル5Gとスマート農業の社会実装を目指している。

図2-14 5Gの活用例

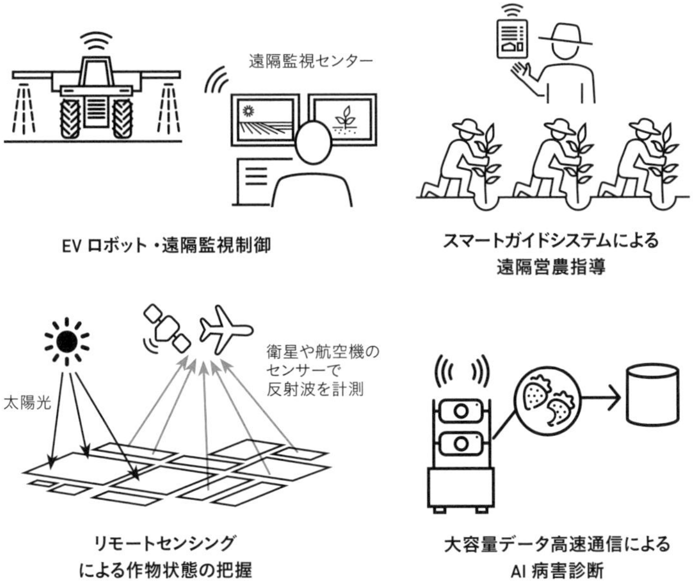

出所）各種公開情報よりNRI作成

図2-15 5Gを活用した実証プロジェクトの例

事業者名 (生産者)	年度	地域	主な実証内容
JAフルーツ 山梨	2020	山梨県 山梨市	スマートグラス・AI等を活用した画像解析・作業指示、ドローンを用いた生育診断　等
西谷内農場	2020	北海道 岩見沢市	スマート農機(自動運転トラクター、運転アシスト機能付きコンバイン)の遠隔制御　等
いちご畑	2021	埼玉県 深谷市	大容量データ(画像)の高速通信によるAI病害診断、自走ロボットによる4Dマッピング(密集状況の検知)　等
北海道ワイン	2021	北海道 浦臼町	EVロボット(草刈・防除作業)活用と遠隔制御、AIカメラを用いたIoTセンシングによる病虫害判定　等
ホクレン 訓子府農場	2021	北海道 訓子府町	牛の歩行状態検知 による異常個体の早期発見、スマートグラスを用いた獣医師への相談・遠隔指導　等

出所）農林水産技術会議公表情報を基にNRI作成

12

スマート農業（植物工場／垂直農場）

Smart Agriculture

Consultant View

天候や害虫など、安定生産を望む生産者に多大な影響を及ぼす自然環境との戦いは、ついには自然環境の影響を最大限取り除く閉鎖空間で、自動的に農産品を栽培する植物工場にまで至りつつある。一方で、自然環境からの隔離は、自然の恵みからの隔離でもあり、閉鎖空間での生産には莫大なエネルギーを必要とする。限られたエネルギー資源を産業間で奪い合う昨今、人類はその限られたエネルギーを農業にどれほど分配すべきか、また、栽培された食材へどの程度の対価を支払えるかが問われている。

語句の解説

スマート農業

ロボット技術やAI、IoTなどの情報通信技術を活用し、省力化・精密化を果たしつつ、あわせて高品質も実現する農業。

植物工場・垂直農場

植物工場とは、光・温度・湿度・二酸化炭素濃度・養分・水分といった環境や生育状況を観察・記録し、高度な環境制御の中で野菜などの周年・計画生産が行える栽培施設を指す。

垂直農場は、垂直に積み重ねた栽培棚や傾斜面など、空間を垂直的に利用して農作物を栽培する施設である。

図2-16 スマート農業の総合推進対策事業

2025年度までに、農業の担い手のほぼすべてがデータを活用した農業を実践することを目標に、産地ぐるみの先端技術の導入実証やスマート農業普及のための環境整備が行われている。

出所）農林水産省

植物工場の種類と代表的な技術・設備

園芸は、栽培プロセスにおいて、細かな作業が多く、機械化・自動化が難しい上、費用対効果の面でも課題がある。一方、露地栽培に比べて、販売時期の変更や通年供給で差別化が可能な施設園芸では、販売価格を高めることが期待できるため、環境制御やさらには植物工場の取り組みが進んでいる。

植物工場は、利用する光の特性から3種類に分別される。まずは、太陽光のみを利用する「太陽光型植物工場」、次に、人工光だけで栽培する「人工光型植物工場」、さらに太陽光を主に利用しつつ、「補光」として人工光を使用する「太陽光・人工光併用型植物工場」である。

パラメーターが支配する垂直農場

植物工場で行われる手法として垂直農場がある。垂直方向に作物を重ねていくことで、より少ないスペースで多くの生産が可能となる。スタートアップを中心に数多くの企業が進出しているが、初期コストの高さから撤退を迫られることも多い。

そのような中で米プレンティは多額の資金調達に成功した。2014年に起業したスタートアップで、AIを活用した垂直農法の実践が特徴である。工場の中にあるIoTセンサーや赤外線センサーが生育状況を把握し、AIが湿度や温度、照明の強さなど約30種類のパラメーターを分析して液体肥料の量を調整する。圧倒的な効率性を支えるのは、植物学を専攻していないデータサイエンティストである。先入観にとらわれず、日々データと向き合い、味の変化にも対応できるAIを開発。技術的にはほぼ何でも栽培できるレベルにあるというが、生育にかかるコストが課題として残る。

図2-17 植物工場の種類

	太陽光利用型植物工場	人工光型植物工場
利用する光	**太陽光**	**LED、白熱灯**
栽培品目	**カブ、大根、トマト、イチゴ等**	**レタス、ターサイ、ルッコラ等葉物野菜が中心**
メリット	・コストが安い ・幅広い品目の育成が可能 ・安定した生産量の確保が可能	・安定栽培を行いやすい ・既存施設内での導入がしやすい ・水耕栽培を行いやすい ・無農薬栽培を行いやすい ・栽培期間を管理しやすい
デメリット	・天気の影響により太陽光の量が変化するため、人工光型に比べて生産量が不安定 ・収益化のためには広大な敷地が必要 ・無農薬栽培のハードルが高い	・コストが高い ・品目が限られている ・安価な農作物の栽培には不向き ・定期的なメンテナンスが必要
イメージ	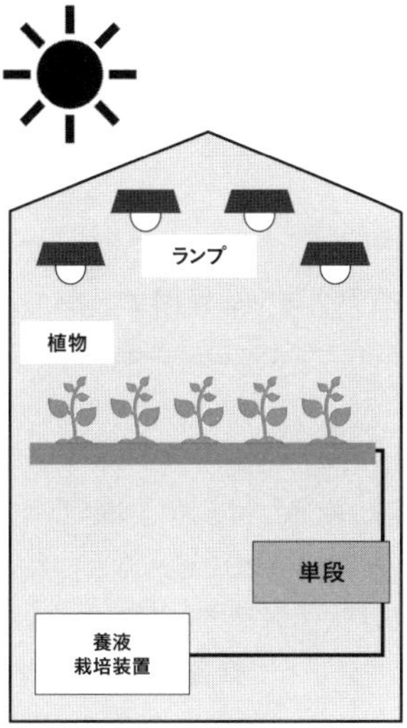	

出所）日本植物工場産業協会、ウシオライティング

13

スマート畜産業

Smart Livestock Industry

Consultant View

従来より、手間暇のかかる畜産業であったが、昨今は、「動物の福祉(アニマルウェルフェア)」として、動物の感じるストレスの極小化も新たな課題として加わった。

機械化やデータ活用の推進により、家畜にも従業員にも、さらには経営者にも優しい畜産業にシフトしていくことが求められている。

語句の解説

畜産業においてデータを活用し、生産の安定や品質向上、また、作業の省人化を図る取り組みであり、担い手不足や高齢化といった畜産業を取り巻く課題へアプローチするものである。

農業と異なり畜産業は生物を扱うことから、食事や搾乳など家畜に合わせて対応しなければならず、また妊娠牛の分娩時は夜通し付き添いが必要になるなど、拘束時間が長い。スマート畜産業では個体管理や機械の導入などにより、畜産業に関わる負担を軽減することができる。例えば個体管理では家畜に取り付けたタグに内蔵された複数のセンサーデータを収集・分析して家畜の状況を可視化する。機械の導入では自動搾乳機や自動給餌機が生産者の重作業を軽減する。

図2-18 ICTによる新たな畜産経営イメージ

ICTの分類		具体事例
管理を対象とした技術	センシング	家畜の体温、脈などを計測 例)体温上昇により交配時期を検知
	モニタリング	家畜の行動、状況をカメラで確認 例)発情行動の検知
	生体データ活用	飼養環境に関するデータを分析 例)体温の周期、発情行動の周期を分析
	飼養環境データ活用	ストレス状態を監視・分析 例)収集した行動パターンに合わない／不安定な場合にアラート
	経営データ管理	経営データを可視化
作業を対象とした技術	自動運転ロボット	自動運転ロボットを導入 例)搾乳ロボットによる搾乳効率化
	作業自動化機器	定型作業を自動 例)自動給餌機により適量を自動給餌

生産安定

・乳量、肉量の収量増加
・販売個体の増加

経営安定

・経営の現状分析
・計画作成、進行管理

作業の省人化

・監視、作業頻度の減少
・作業の機械化、自動化

出所）NRI作成

スマート畜産業が求められる背景

近年、畜産業を営む農家の戸数は減少傾向にあるが、一戸当たり飼養頭数は増加傾向にあり、畜産農家の大規模化が進んでいる。また、畜産業の生産額は2009年から2019年までの10年間で約1.3倍となっており、国内畜産市場の拡大が見られる。

大規模化が進む畜産農家はICTの活用を検討しやすい事業環境になっている。2021年5月に農林水産省より「みどりの食料システム戦略」が策定され、ICTを活用した省力的かつ効率的な飼養管理技術の普及を推進する取り組みの必要性が明示された。

一方、中・小規模の畜産経営では、畜舎の見回り・清掃から餌作り、給餌、糞尿処理といった多岐にわたる作業と知識が求められる点、畜産事業の拡大に相当な初期費用が必要である点などが障壁となり、新たな取り組みや新規労働力の確保が難しくなっている。今後は、より導入しやすいICTの開発と活用が重要となっていくと予想される。

スマート畜産業への進化が及ぼす効果

スマート畜産業の第一歩は、牧場の管理監督と作業を効率化するシステムの導入である。システムの導入により、見回りをせずとも発情や疾病を検知し、労働時間の削減につなげる。次の一歩として個体データを始めとするビッグデータの活用が挙げられる。例えば、過去の実績データを活用した交配計画策定により、交配精度が高まり、結果として販売価格や売上拡大に寄与する。先進的な事例として牛のストレスを軽減するVRゴーグルが開発されている。牧草地のVR映像を通してストレスが緩和され、1日当たりの乳量が増加したという研究結果も報告されている。

図2-19 スマート畜産業事例

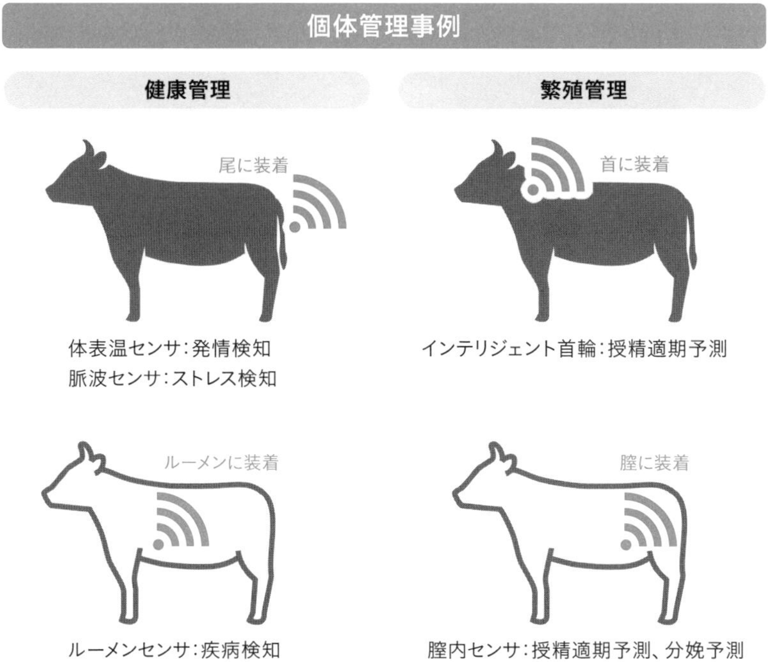

出所)内閣府

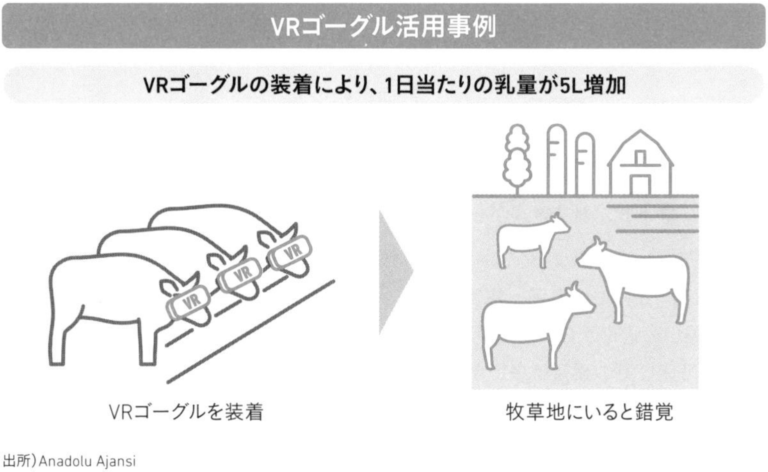

出所)Anadolu Ajansi

14

養殖
(海面養殖/陸上養殖)

Aquaculture

Consultant View

農業が“採取→栽培”へと変わったように、漁業も“狩り→養殖“と変化してきている。さらに水産業も他の一次産業と同様に人手不足に苦しんでおり、消費地に近い土地でより人手がかからない方法として、養殖の場所が海面から陸上へ進化しつつある。

人口増が世界的に進む中で、安定的な食糧供給が期待される養殖産業は今後もより大きなものになっていくことが予想される。

語句の解説

海面養殖

沿岸地域にいかだやいけすを作るなどして海産物を育てて収穫する漁業。小割式、築堤式、垂下式、地まき式がある。

陸上養殖

陸上の施設にて、水温、水質を保ち、海産物を育てて収穫する漁業。飼育水の取り扱いの違いから、かけ流し式、閉鎖循環式の2種類がある。技術的に陸上養殖が可能な魚の種類は多いが、コストの問題からビジネスで成立する魚種はごく一部に限られる。

栽培漁業(参考)

稚魚になるまで育て、自然に放流・成長したものを漁獲する。

図2-20 養殖漁業と栽培漁業の違い

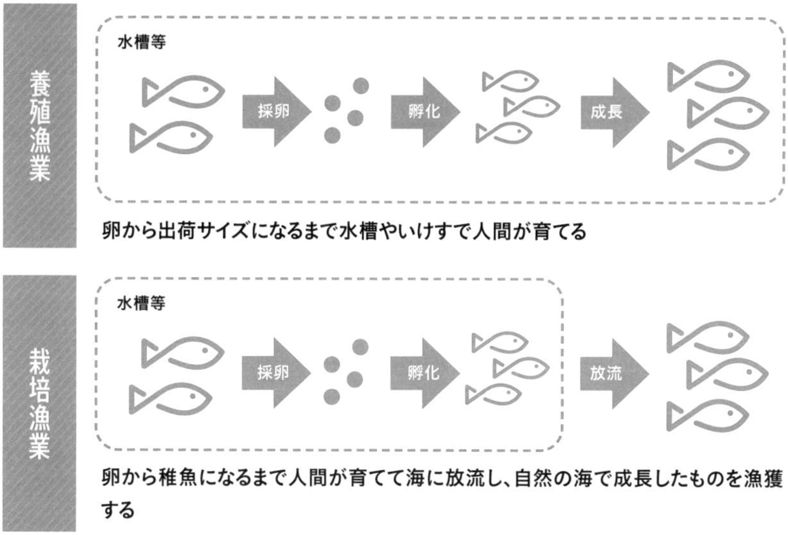

出所)NRI作成

図2-21 海面養殖と陸上養殖の違い

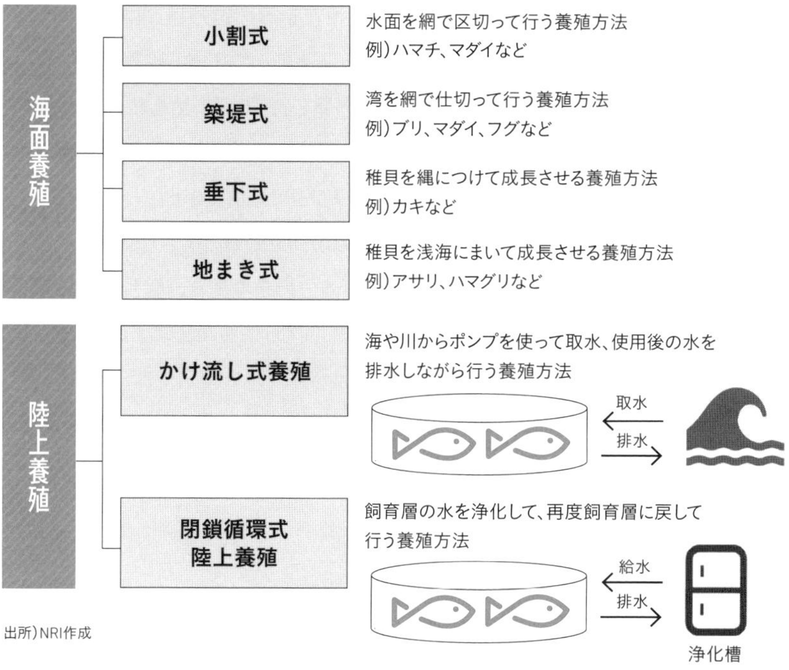

出所)NRI作成

ブランド化する養殖魚

国際連合食糧農業機関によると、世界の漁業・養殖業をあわせた生産量は増加し続けている。漁船漁業生産量が1980年代後半以降はほぼ横ばいで推移する中、養殖生産量は急激に伸びている。天然物よりも身近な養殖魚も増え、天然の稚魚を利用しない、完全養殖の魚も登場してきている。

加えて、天然魚よりも品質が劣るとされていた養殖魚であるが、技術の発展により、品質が向上し、さらに、こだわりの養殖方法でブランド化を図るケースも増えてきている。ブランド養殖魚は地域おこしの起爆剤としても期待され、養殖方法や地域名称などを冠した新たな魚が様々な形で流通し始めている。

養殖業界のブレイクスルーを支えるデジタル技術

デジタル化の波は、養殖業界にも押し寄せている。養殖場には、様々なセンサーが設置されるようになり、養殖業界の課題の一つである給餌制御に関しては、その解決を図る自動給餌システムが開発されている。さらに、水産養殖向けサービスを開発するウミトロンが、海水温やクロロフィル、溶存酸素、塩分濃度、波高などの海洋環境データをスマホアプリで確認できるサービスをリリースするなど、人工衛星を用いた世界の漁場の可視化も進んできている。

一方で、養殖事業を行うには、対象魚種の生態を理解し、管理可能であることが基本となる。例えば、サンマは産卵時期すら明らかとなっておらず、養殖できない。また、イカは、活発に泳ぐことが養殖のハードルとなっており、ウナギやタコはコスト面で現時点ではビジネスベースに至っていない。これらの解決に向けた新たな技術導入が引き続き求められている。

図2-22 完全養殖魚の例

ブランド名	魚種	産地
温泉トラフグ	トラフグ	栃木県
伊達の銀	ギンザケ	宮城県
御前崎クエ	クエ	静岡県
チョウザメ奥飛騨キャビア	チョウザメ	岐阜県
飛騨トラフグ	トラフグ	岐阜県
近大マグロ	クロマグロ	和歌山県・鹿児島県
かぼすヒラメ	ヒラメ	大分県
ひとくち蝦夷アワビ	アワビ	長崎県
天空マグロ	クロマグロ	熊本県
小林チョウザメ	チョウザメ	宮崎県
久米島の車海老	クルマエビ	沖縄県

出所）大和総研

図2-23 UMITRON PULSE（ウミトロンパルス）のイメージ

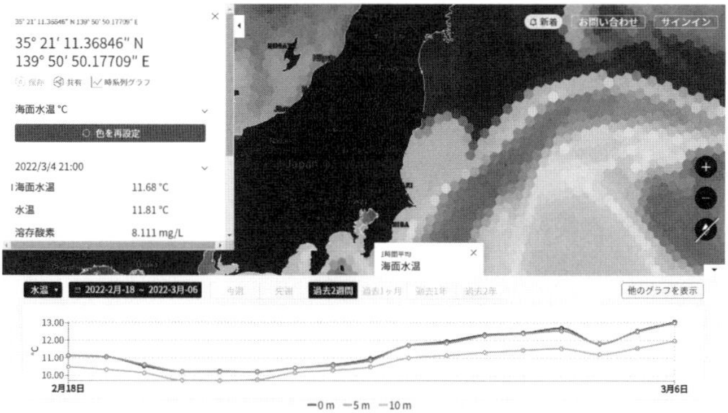

衛星リモートセンシング技術を活用し、海洋データを高解像度で確認できる。
海面水温、塩分、海流等８項目を時系列で提供

出所）ウミトロン

15

スマート漁業

Smart Fishery

Consultant View

水中には人の目が届かず、また、遠洋漁業となると数カ月も洋上に出ることがある。このため、漁業はこれまで熟練漁師の経験と勘（潮の流れや海の色を見る力など）に頼る部分が大半であったが、それらを代替する様々なセンサー技術やAIが登場し始めている。漁師の減少や働き方改革が求められているなかで、“熟練の勘”の見える化と継承に向けた新たな漁業の形が求められている。

語句の解説

漁場のデータをIoTデバイスやAIなどを通じて、取得・分析・活用することで、効率化や省力化を図る漁業であり、遠洋漁業、沿岸漁業、養殖業と様々な場面で取り組みが推進されている。

IoTデバイスとして、漁場付近の海洋データを取得するセンサーを搭載したスマートブイや、海域を空撮して海面の色をモニタリングし、赤潮発生検知を行う空中ドローン、赤潮発生が疑われるスポットから多深度の海水を採取する採水ドローンなどが利用されている。IoTデバイスにより取得した魚群や水温などのデータをもとに、遠洋漁業や沿岸漁業では、漁場予測や漁海況予測が行われている。また、養殖業では、摂餌や赤潮データをもとにした遠隔自動給餌や赤潮防御が実施されている。

図2-24 スマート漁業で利用されるデバイス

出所）KDDI総合研究所
　　　および水産庁公開データよりNRI作成

スマート漁業が注目を集める理由

SDGsの17の目標の一つには、「海の豊かさを守ろう」が含まれている。世界的な人口増加による水産資源の減少を背景に、持続可能な水産業を実現することが求められており、水産資源の実態の把握や持続可能な水産業をデータドリブンで見出していく手段として、スマート漁業が近年注目されている。

魚群探知機の限界

従来活用されていた代表的な機器は、超音波を発射し、その反射波によって海中の要素を探る仕組みであったが、従来の魚群探知機では、超音波の混同を防ぐため、一度送信した超音波が返ってくるまで次の超音波を発信できないという弱点があった。水産資源の適切な管理のためには海中を精緻に把握する必要があるが、魚群探知機では対応が難しい。

精微な海中の把握が可能に

様々なデバイスにより、水温、潮流、魚群情報などの様々なデータの取得が可能になり、より詳細な海中の状況・情報を理解することができる。

総務省およびKDDIでは、「海洋ビッグデータを活用したスマート漁業モデル事業」を実施した。漁師の勘で決めていた漁場を、事前に取得したデータに基づき、漁場の最新の情報を把握することで、信頼性の高い漁場を見つけることができるようになったと報告を取りまとめている。その結果、人件費・燃料費ともに25％程度の削減効果が見込めることを試算している。

スマート漁業の推進はコスト削減、ならびに、経験のない若者の就労機会の拡大に寄与できる可能性を示している。

図2-25 海洋ビッグデータを活用したスマート漁業モデル事業

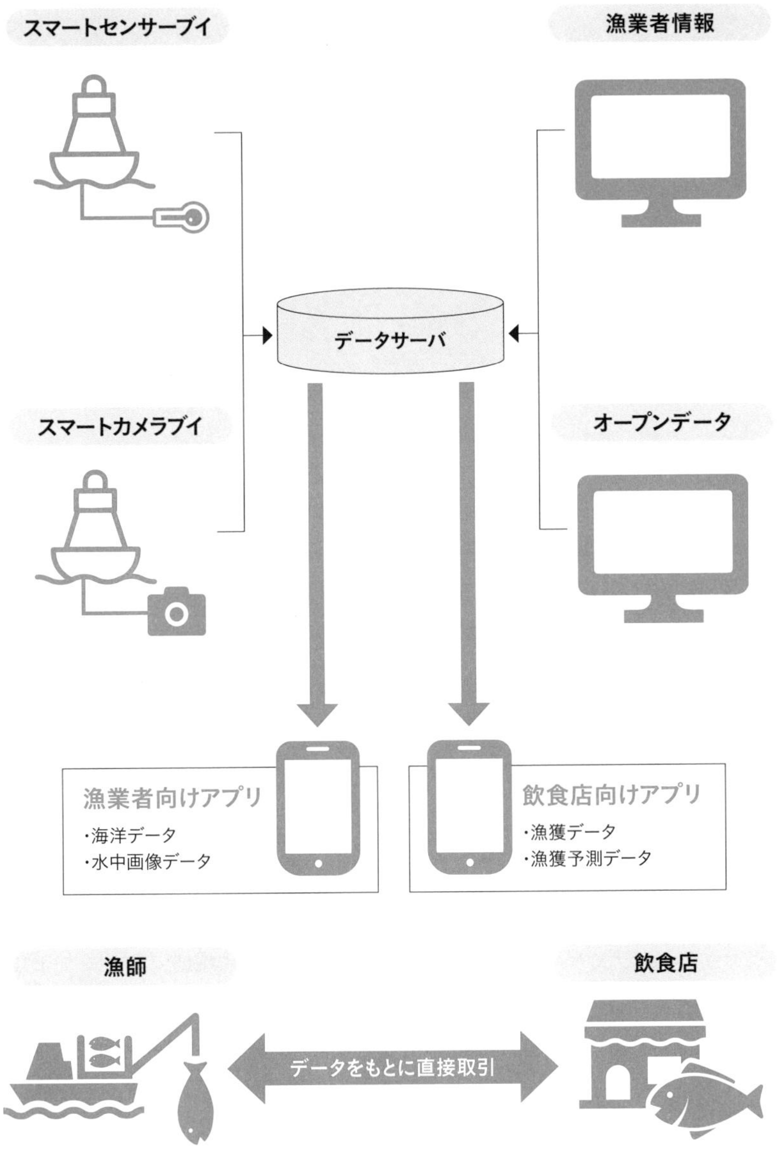

出所）総務省

16

代替肉／培養肉

Plant-Based Meat / Victimless Meat

Consultant View

食の消費に至るまでのコストとして、多段階の流通構造にまつわるもの以外に、環境や食物連鎖の視点から見たコストが存在する。牛や豚、鶏などは、その成長に多くの飼料や水を必要とし、家畜による温暖化ガス排出という環境面での課題も抱えている。

代替肉や培養肉は、流通構造を変革するだけでなく、短い食物連鎖の実現、また、環境負荷も小さくすることが期待される技術である。

語句の解説

代替肉

フェイクミートとも呼ばれる。大豆やエンドウ豆などの植物由来の原料を加工し、本物の肉のような見た目や味などを実現する食品。

培養肉

クリーンミートとも呼ばれる。家畜を殺さずに、ブタやウシなどの特定の細胞を人工的に培養する細胞農業によって得られた肉。

代替肉と培養肉は人工的に肉を作るという点では同じだが、原料と製法で大きく異なる。

図2-26 代替肉/培養肉の製造方法の違い

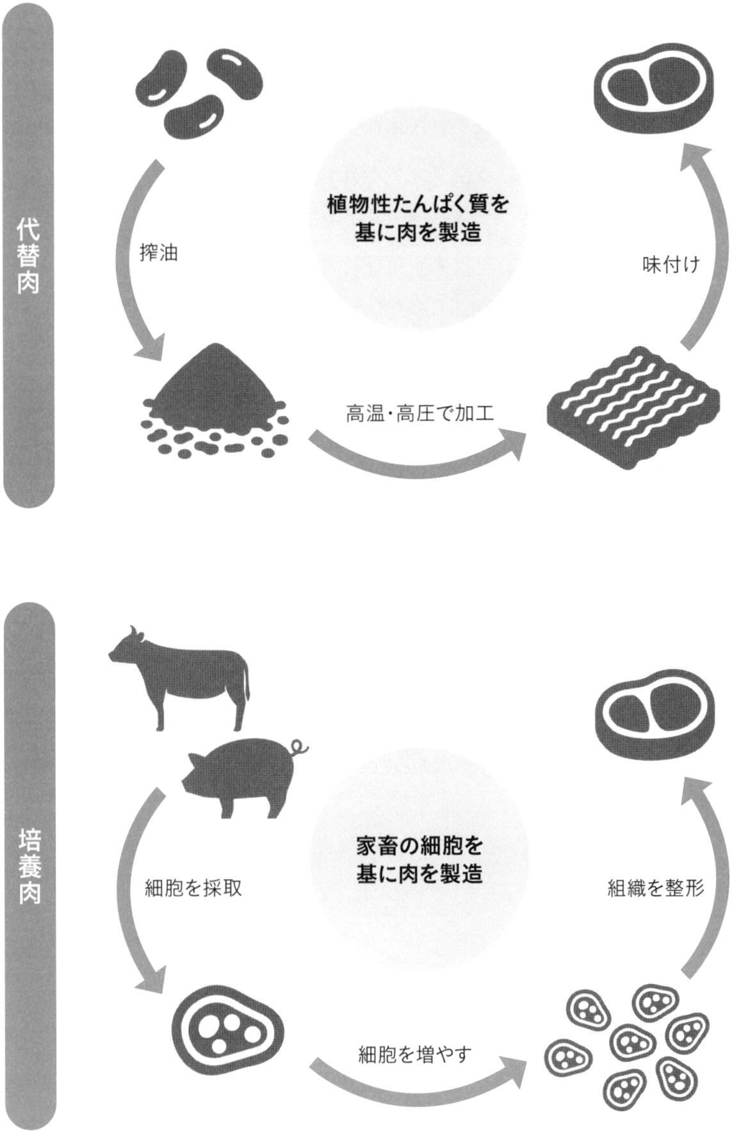

出所）NRI作成

食料難を解決する代替肉／培養肉

世界的な人口増加に伴って食料需要が増大する中で、畜産物の需要量の伸びは特に大きく、2050年には2010年の1.8倍（13.98億トン）まで増加する見通しとなっている。そのため今後タンパク質の需要に供給が追いつかなくなることが危惧されている。また、家畜を育てるためには大量の資源を必要とし、さらに家畜が排出する温室効果ガスや糞尿による環境への負荷も大きい。未来のタンパク質供給の鍵は代替肉／培養肉かもしれない。

開発が進む代替肉

2010年代中頃以降、各原料メーカーにおいて代替肉製品の開発・生産が進められ、徐々に、コンビニやスーパーといった中食産業で採用されることが増えてきた。一方、外食産業では一部ハンバーガーチェーンを除いて定着していないのが現状である。コスト面では通常の牛肉の約750円/kgに対し、大豆ミートは約700円/kgと優位性を持っており、今後の普及・拡大にあたっては、肉と同等の味、使い勝手の実現が求められる。

培養肉の普及の障壁

海外フードテックベンチャー企業を中心に、培養肉の開発が進展してきており、日本でも日清食品と東京大学の竹内昌治教授が筋肉組織の培養に成功した。ステーキなどの食感により近い培養肉の実現が近づきつつあるが、価格は今なお課題である。中国培養肉ベンチャー企業「極麋生物」は2022年、今後5年以内に2,000円/kgに引き下げる計画を発表した。各ベンチャーの事業展開が進む中で、既存の食肉との差が埋まってくるかが今後のポイントである。

図2-27 日本での各社の代替肉への取り組み・課題

ほぼクリア	味	肉らしさの物足りなさ
		大豆特有のビハインド（におい、えぐ味）
現在の解決課題	使い勝手	乾燥大豆の戻し工程
		すぐ食べられない・試しにくい
		加工品でも店頭調理に手間
	認知度	事業者認知度：使い方など
		顧客認知度：試す機会
代替肉のメリット	利点	高タンパク質
		低カロリー
		エシカル

原料メーカーの工夫	肉に近い繊維質の再現	○：一部メーカーは技術確立
	大豆たんぱく結着技術の開発	○：一部メーカーは技術確立
	におい・えぐ味の改善	△：ユーザー側の協力が必要
食品メーカーの工夫	におい・えぐ味の克服（香辛料・出汁などの活用）	○：食品メーカーの市場投入
	代替肉サブReady to Eat商品の開発	○：カレー、惣菜の素商品の市場投入
	代替肉メインReady to Eat商品の開発	△：大塚食品などの取り組み
	肉と同様に取り扱える商品の開発（対飲食店向け）	×：該当商品がない
飲食店などの工夫	におい・えぐ味の克服	×：技術力のある飲食店のみ利用可能
	店舗オペレーションの簡易化	×：個店では時間を要する
認知度向上の工夫	取り扱い食品メーカーの拡大	○：取り扱い食品メーカーは拡大中
	取り扱い飲食店の拡大	×：一般飲食店の追随

出所）日本経済新聞、各種公開情報よりNRI作成

図2-28 培養肉の課題

	細胞摂取	細胞培養	組織整形
工程	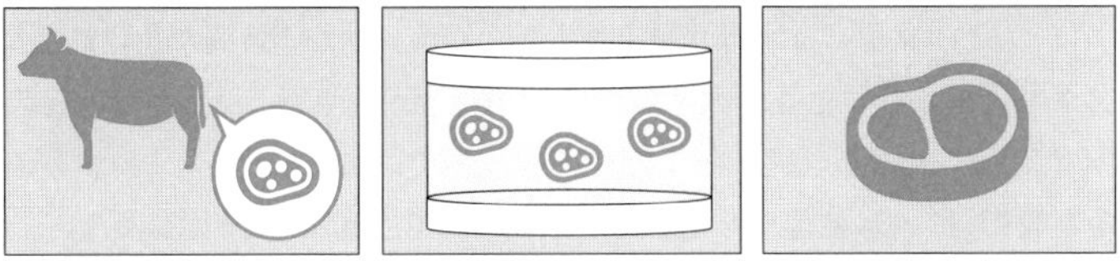		
課題	技術面 家畜からの細胞摂取方法	技術面 細胞培養液の開発 コスト 細胞培養液の量産	技術面 食感再現のための加工方法

出所）NRI作成

17

急速冷凍／特殊冷凍

Rapid Freezing / Special Freezing

Consultant View

食産業の課題として、生産された食料の腐敗がある。冷凍技術は腐敗を解決する手段の一つではあるものの、味が落ちる・手抜きと思われるといった観点で敬遠されがちな存在でもあった。しかしながら、技術の進展が味の課題を解決しつつあり、ライフスタイルとしても冷凍食品が受け入れられるようになってきている。

語句の解説

1911年にデンマークで急速冷凍技術が開発されて以来、冷凍技術は飛躍的に向上し、今では概ね30分以内の短時間で食品を冷凍することが可能となった。

ほとんどの食品には水分が含まれるが、凍結にかかる時間が長ければ長いほど水分が凝固する際の結晶が大きくなり、組織を損傷して解凍とともに味覚成分や栄養素が流出する原因となる。そのため冷凍技術では食品に含まれる水分が氷に変化する温度帯（最大氷結晶生成温度帯）を短時間で通過することが重要で、同温度帯を概ね30分以内で通過する技術を急速冷凍と呼んでいる。

なお「急速凍結」が学術上正式な用語として使用され、「急速冷凍」は通称として使用される。また比較的高い温度でゆっくりと凍結する場合は、「緩慢凍結」と呼ばれる。

図2-29 急速冷凍・緩慢凍結時の比較

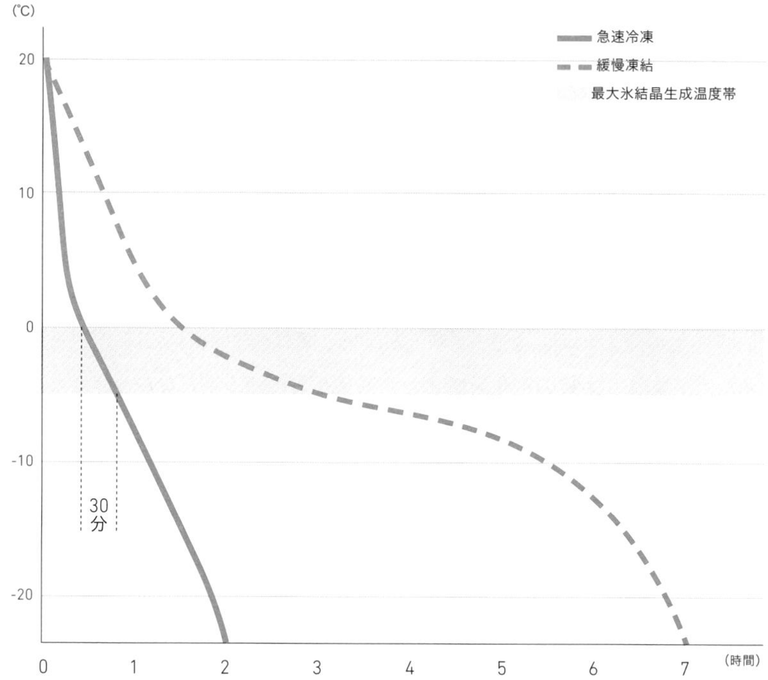

出所)一般社団法人日本冷凍食品協会公開情報よりNRI作成

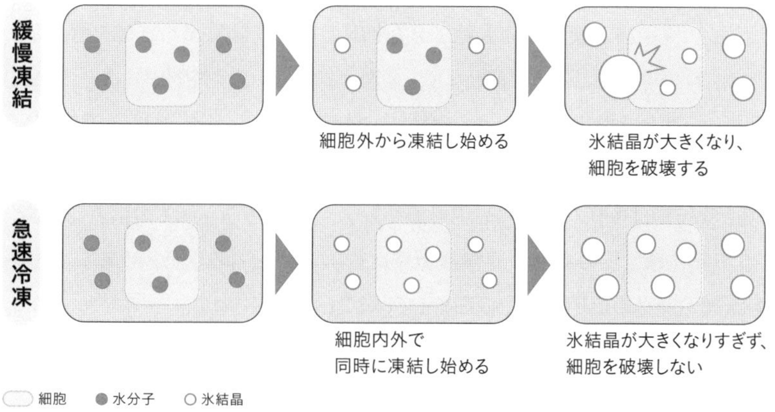

出所)前川製作所公開情報よりNRI作成

急速冷凍の利点

従来の冷凍方法の課題を解決するための新たな冷凍技術が「急速冷凍」である。氷の結晶が大きくなる温度帯を速やかに通過することにより、食品の細胞破壊や品質の劣化を防止する。また、保管中の冷凍焼けや酸化を軽減することで長期間の保管を実現できる。結果として、商品開発や商品管理の幅が広がり、商品販売の機会ロスの防止や従業員の業務負荷軽減が可能となる。解凍時には、旨味成分の流出をほぼ発生させず、冷凍前と変わらない状態に戻すことができるため、以前は品質の劣化を懸念し、通販などに踏み切れなかった食品事業者の販路が拡大するなど、売上向上の機会も得られる。

急速冷凍の活用事例

特殊冷凍トータルソリューションを提供するデイブレイクでは、急速冷凍技術を用いることで、これまでうどんの凍結で課題となっていた小麦の「風味」を飛ばさず、「コシ」を維持し、麺の「乾燥」を防ぐことを可能とした。また、沖縄のステーキハウスでは、品質劣化を懸念し、県外への販売を行っていなかった。しかし、食品加工装置販売会社である米田工機の液体急速凍結機を用いることで、鮮度を保つことが可能となり、県外へのネット販売を開始した。これに伴い、最も大きな課題であった廃棄ロスの削減にもつながり、新たな商品開発に着手可能となったことで、従業員のモチベーション向上にもつながった。急速冷凍技術は多様な食品に活用可能であり、Report Oceanでの調査によると、2027年には世界の急速冷凍機器市場は約3.7兆円となる見込みである。今後も急速冷凍への活用、関心は高まっていくことが予想される。

図2-30 急速冷凍による実現可能事項

	急速冷凍技術	実現可能事項	
製造	最大氷結晶生成温度帯を短時間で通過	・商品の品質維持	栄養素や旨味成分の流出や食品の変色などを防止
		・作業効率向上	冷凍効率の改善が実現し、既存の冷凍設備より速いスピードで凍結
保管・販売	冷凍焼け、酸化がしにくく、品質を長期間保てる	・人手不足解消 ・人件費削減	計画生産により、従業員の労働時間の削減、定着率の上昇
		・機会ロスの防止 ・廃棄ロスの削減	在庫を確保することで販売ロスの防止、廃棄ロスの削減が可能
		・販路拡大	通販や卸での販売を開始可能

出所）NRI作成

図2-31 世界の急速冷凍市場規模（2020年-2027年）

（丸の中の数値は年平均成長率）

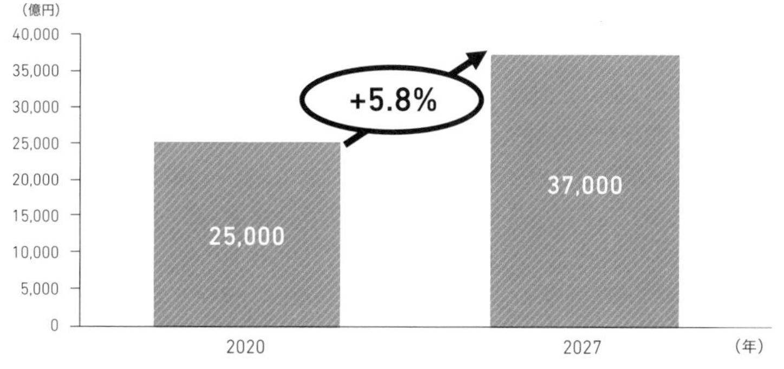

出所）Report Ocean

18

食品トレーサビリティ

Food Traceability

Consultant View

消費者の食の購買活動は、“産地”や“食品添加物”など多くの情報から意思決定されるようになってきている。他方、食品業界全体としては効率化や付加価値向上などに役に立つ情報がありつつも、多段階の流通構造や中小企業の多さにより、各所に分散してしまっている。食品トレーサビリティの推進は、食品業界全体での連携を強化しながら、各事業者の状況に応じて段階的に進めていくことが重要であり、さらにその中での新たな収益の創造も求められている。

語句の解説

食品トレーサビリティは「生産、加工および流通の特定の一つまたは複数の段階を通じて、食品の移動を把握すること」と定義される。各事業者が食品を取り扱う際の入荷と出荷に関する記録を保存しておくことにより、食品の移動経路を確認可能とし、食品に関する事故が発生した際の原因究明や商品回収などを円滑に行えるようにする仕組みである。

食品の位置情報や移動量の把握は、輸送計画の最適化やサプライチェーン全体の高度化につながる。さらに従来の入出荷情報だけでなく、付帯情報を保持させることで商品の価値・品質の維持が可能となり、事業者の収益増加を見込むこともできる。

図2-32 バリューチェーン全体での価値・品質維持

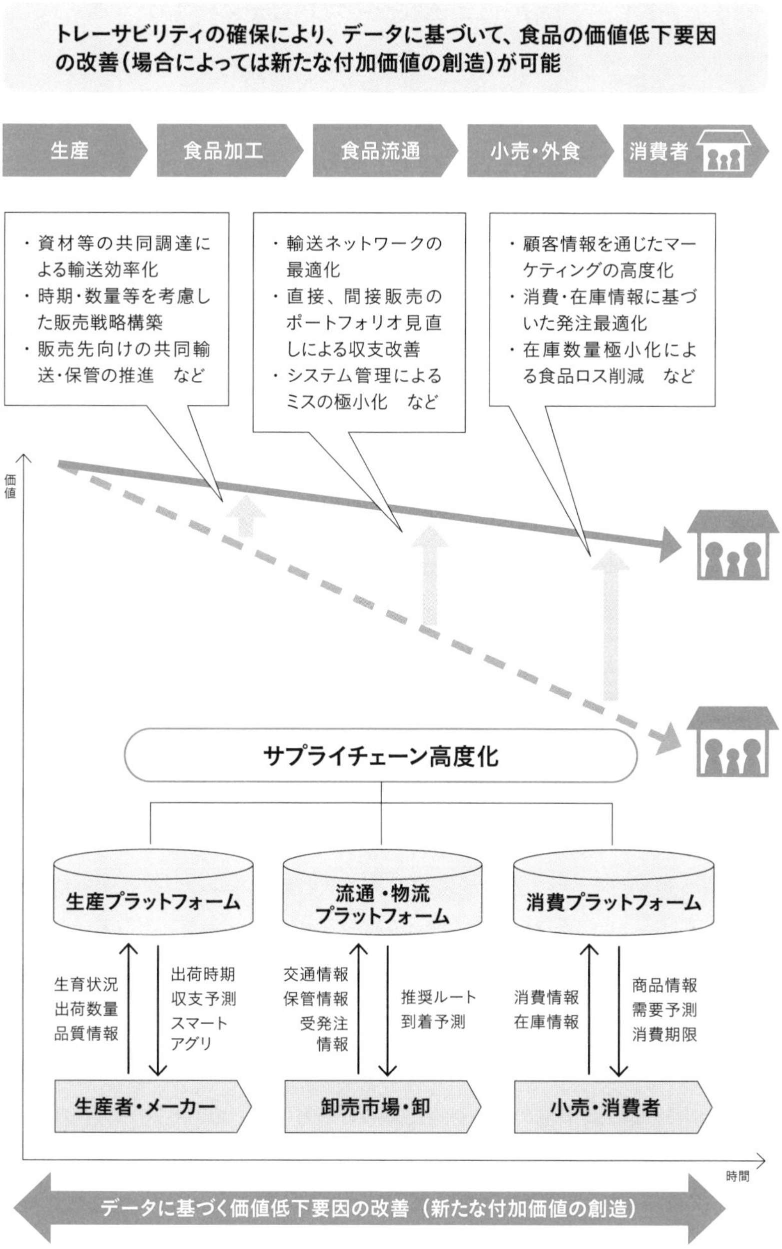

出所）NRI作成

ブロックチェーン活用によるトレーサビリティ確保

ブロックチェーンは「安全性が高く、分散的かつコストが低いデータベース」という特徴を持ち、金融領域で注目されてきたが、近年では非金融領域での応用に期待が寄せられている。

特に食産業はその代表例である。食産業では商流に関わるステークホルダーの種類や数が多すぎること、ステークホルダー間のつながりが前後の工程で分断されていることがあり、データの整備・取得・活用が遅れている。この状況を打破する方法として、国内外で「トレーサビリティ」へのブロックチェーン技術の応用が進められている。2016年、ウォルマート(Walmart)ではブロックチェーン技術を利用し、生産地から小売店舗までの仕入れルートを追跡する実証実験を行った。追跡コードの読み取りにより、従来26時間かかっていた情報の追跡が、数秒で完了するという結果を得た。

トレーサビリティを通じたサプライチェーン高度化

生産・加工・流通過程のデータを活用し、サプライチェーン高度化を実現した企業の例としてゼスプリ(Zespri)が挙げられる。同社はニュージーランド産を中心とするキウイの製品管理、輸出入、マーケティング活動を行っている会社であるが、各種工程のデジタル化、クラウドシステムなどを活用したデータの一元化を進め、生産から流通までのすべての段階において「Zespri System」を作り上げた 。それらを用いて、より安心安全なブランドイメージの構築、また、物流の最適化を進めている。例えば、取扱量が100万トレー以下の中小規模の選果場の数を徐々に減らす一方で、200万トレー以上の大規模選果場の数を増加させ、サプライチェーンにおける全過程の集約を行った。

図2-33 食品トレーサビリティへの各社の取り組み

企業名	ソリューション	取組概要
Sea Quest Fiji	・ブロックチェーン ・RFID※ ・QRコード	・船舶、加工工場等に設置された機器によりタグを検出し、自動でブロックチェーンに情報を収集 ・マグロの移動に関して餌付けから消費者までの追跡が可能
アサヒグループホールディングス	・ERP	・食品関連会社の基幹システム統合にあたり、ERPツールを導入 ・生産管理や販売物流、原価管理による食品トレサビの実現、業務標準化の結果、1億/年のコスト削減を実現
ファミリーマート	・RFID※	・商品の出荷時にRFIDタグの読み取りを行い、店舗へ配送 ・レジ業務のコスト削減とともに、仕入から販売、在庫管理までを効率的に共有することが可能

※RFID：電波を用いてタグのデータを非接触で読み書きするシステム。例えば交通系ICカードなどに用いられている。

出所）各種公開資料よりNRI作成

図2-34 Zespriでのサプライチェーン高度化への取り組み

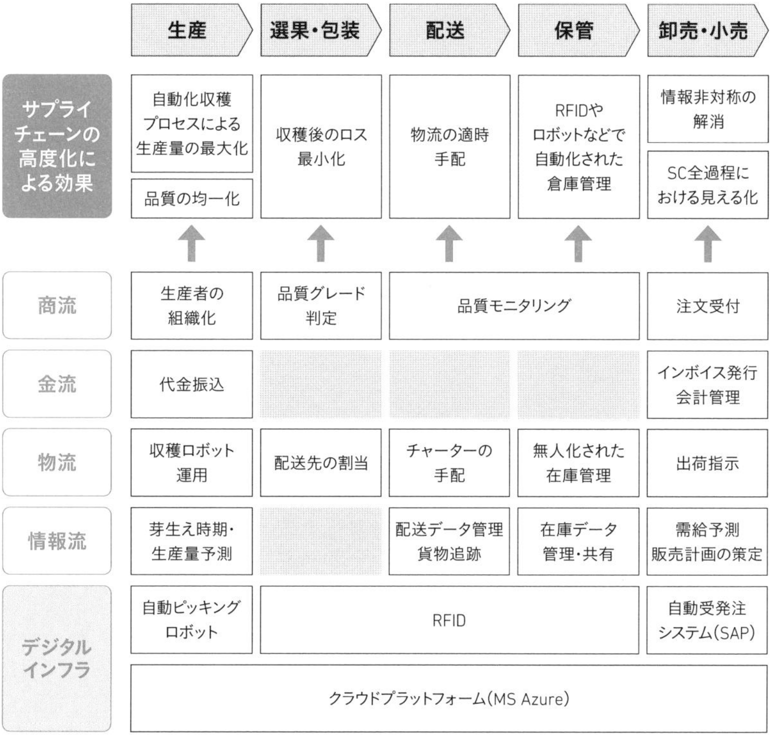

出所）各種公開資料よりNRI作成

第3章

激動の川下・川中業界

第3章　激動の川下・川中業界

アップグレードが求められる流通インフラ

食品業界における川中の食品卸売業、そして、川下の食品小売業は、日本全土に幅広い商品を届ける流通インフラとして重要な役割を担っている。

流通インフラに求められる機能は幅広く、商流・金流・物流・情報流のすべてを集約し、より一層高度な仕組みとしていくことである。そして、同業界では、その多様な機能を効率的に運営していくため、また、昨今の人手不足や生産性向上に対応するため、大手事業者による業界再編が行われてきた歴史がある。

加えて、他のインフラ産業と同じく、食品卸売業や食品小売業もインフラビジネスとしての課題に直面している。それは、インフラとしての規模の経済を求めつつ、第1章や第2章で述べてきたライフスタイル変化や新技術の登場をきっかけとした新しい食ビジネスにも対応していく必要があるという点である。

本章では、流通インフラとして、将来の新たな基盤となり得るフードデリバリーや無人店舗の取り組みや現状を紹介するとともに、食産業の流通インフラとして、業界全体の大きな共通課題となっている物流クライシスなどを紹介する。

Chapter. 3

取り扱いテーマ	背景となる事業環境の変化
フードデリバリー/テイクアウト	食品を取り扱う小売店、外食店は日本全国に100万店舗を超える規模で存在すると言われている。その巨大な食の販売ネットワークは、人手不足など背景に、事業継続が困難になりつつある。 接客空間を極力削減して、事業継続を図るフードデリバリーやダークストアの登場、人手がかかる部分の自動化を進めるスマートレストランや無人店舗など、新たな店舗を模索する動きが続いている。
ゴーストレストラン	
ダークストア	
スマートレストラン	
無人店舗	
生鮮食品のEコマース	リアル店舗における対面での商品購入が主であった食産業においても、徐々にEC比率が高まってきている。ECの普及により、ECにフィットした新商品開発が進む一方、新たな物流網の構築を求める声が大きくなってきている。
食品D2C	
ご当地スーパー	流通インフラにおける新たな取り組みは、コスト削減の観点以外にも存在する。地域性に着目した店舗づくりや食だけにとどまらない地域の生活基盤としての店舗づくりが進んでいる。
次世代コンビニ	
物流クライシス	流通インフラの維持及びアップグレードは、食産業に関わるすべての企業の共通課題となっている。 特に、全国に商品を届ける物流網の維持は喫緊の課題であり、生産者や食品メーカーから末端の小売業までが連携し、一丸となって解決に取り組んでいくことが求められている。
卸売プラットフォーム	
コールドチェーン	
輸送シェアリング	

19

フードデリバリー／テイクアウト

Food Delivery / Take Out

Consultant View

忙しさが増す社会環境の中で、時間を効率的に使い可処分時間の増加を志向する人々が増えている。食は、最寄り品であり、従来、毎回の購買活動に割く時間が少ない品目ではあったが、その少ない時間をさらに減らす取り組みとして、デリバリーやテイクアウトを利用する消費者が増加している。

昨今、外食産業が積極的に同分野に参入したことで、外食する楽しさ（メニューの多さ・美味しさなど）が新たな付加価値として追加された

語句の解説

フードデリバリー

飲食物を消費者の手元まで届ける、店舗来店を不要とするサービス。

テイクアウト

消費者が店内での飲食を行わず、飲食物を持ち帰るサービス。

フードデリバリー、テイクアウトの主なメリット

「家庭では作れないメニュー群の調達」「調理の手間削減」が挙げられる。メニューに紐づくおいしさという魅力に加え、時間的メリットが近年の消費者への提供価値となっている。

図3-1 フードサービスのパターン

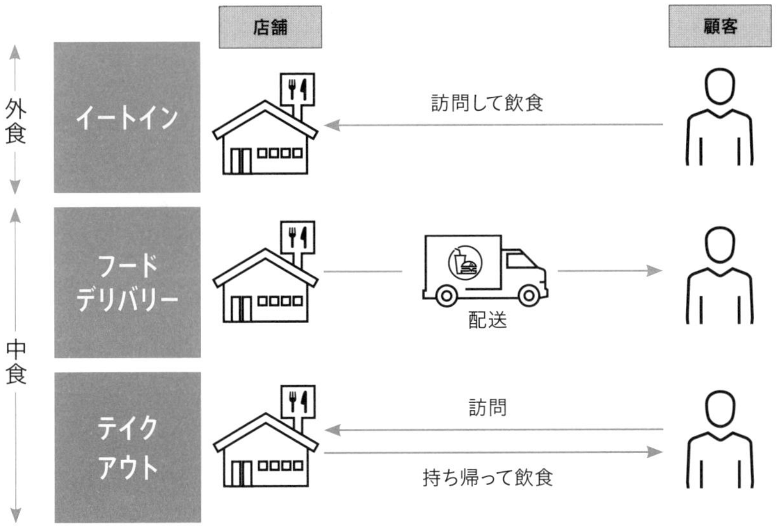

※広義では生鮮・加工食品の配達もフードデリバリーに含めることもあるが、本件ではフードサービスを対象として記載
出所）各種公開情報よりNRI作成

図3-2 内食に対するフードサービス・デリバリーの主なメリット

出所）各種公開情報よりNRI作成

フードデリバリー／テイクアウト需要の拡大

1985年のドミノ・ピザ日本初出店を契機に、フードデリバリーは消費者にとって身近な存在となった。また、共働き世帯の増加により、家庭内で料理をする機会が減少し、お持ち帰りの惣菜マーケットも拡大してきた。さらには、2020年に発生した新型コロナウイルス感染拡大の影響により、収入が減少した外食事業者の新たな収益源としてフードデリバリーやテイクアウトに取り組む企業が増加した。

大手プラットフォーマーの台頭

同業態の形態は大きく、注文から配達まで自社で行う「自社注文配送型（従来の出前）」、注文は第三者のプラットフォームを活用する「マーケットプレイス型」、調理以外はプラットフォーマーに任せる「注文・配送代行型」に分類できる。「自社注文配送型（従来の出前）」では集客力が乏しいこと、また配送網の構築が難しいことから、大半の飲食店は注文・配送代行サービスを通してデリバリーを実施している。

その中で、フードデリバリーの市場規模拡大に伴い、ウーバーイーツや出前館といったプラットフォーマーが大きな力を持ちつつある。一方、プラットフォーマーとして生き残れる企業は数社とも言われており、撤退や業界再編の動きも見られる。新規参入による競争激化を背景に、独デリバリーヒーローの「フードパンダ」は2022年1月、わずか1年半で日本から撤退した。世界的に見ても米国のドアダッシュがフィンランドのウォルトの買収を決定している。

図3-3 フードサービスにおけるタイプ別構成比

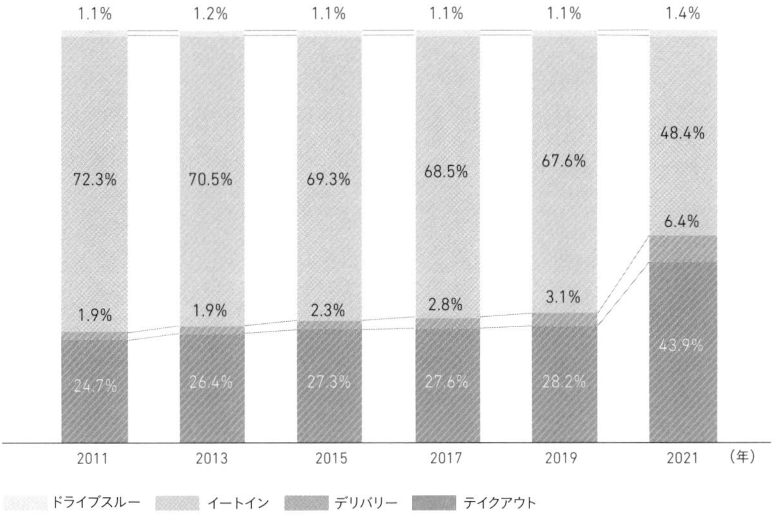

出所）ユーロモニター

図3-4 フードデリバリーの形態

出所）消費者庁

20

ゴーストレストラン

Ghost Restaurant

Consultant View

フードデリバリーやテイクアウトの拡大は、食に関わる不動産のあり方にまで影響を及ぼしてきている。レストランや小売店は、集客のための“立地”という価値から解放され、様々な場所でビジネスができるようになりつつある。

語句の解説

飲食スペースを持たず、消費者が訪れる実店舗を持たないデリバリー専門の「飲食店」。消費者の注文に応じて、調理・梱包を行う。配送については、基本的に既存のプラットフォーム（代行）を用いている。

似た意味でクラウドキッチンという言葉もあるが、クラウドキッチンは客席がなく、デリバリー用の料理を作るために設計された施設そのものを指すことが多い。またゴーストレストランに特化したシェアキッチン（飲食店や事業者が共同利用するキッチン）を意味する場合もある。ただし、ゴーストレストランとクラウドキッチンの間に明確な定義の違いは存在しておらず、同義として使われることもある。

図3-5 ゴーストレストランのビジネスモデル

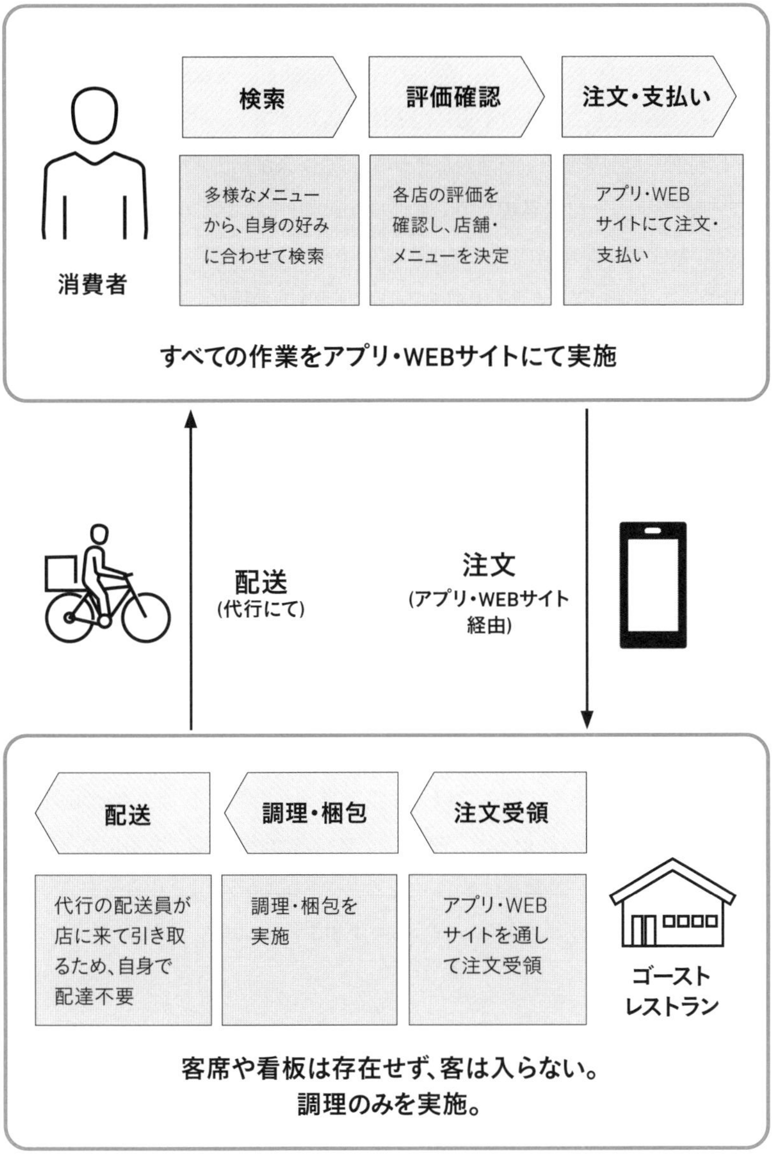

出所）各種公開情報よりNRI作成

消費者ニーズの変化とビジネス機会

フードデリバリー拡大により、家での食事が増加し、飲食店利用頻度が減少している。結果として、業績不振に陥る飲食店も出ている一方で、フードデリバリーに特化した新業態という新たなビジネスチャンスが創出された。

フードデリバリーは接客のための実空間を必要としないため、これまで重要とされていた立地や接客、内装にかかるコストが従来の飲食店と比較して削減でき、新規参入の障壁が低いことも、ゴーストレストランの台頭につながっている。

ゴーストレストランの拡大

日本各地で、数多くのゴーストレストランが登場している。「デリステーション」はその一つであり、フランチャイズ展開を通して拡大を続けている。2022年2月には、運営会社のWiaasとミリオンプレートが業務提携し、全国130拠点以上、100以上のブランドの取り扱いとなった。一つのレストランが複数ブランドを取り扱うことができることも、ゴーストレストランの特徴の一つである。

大手企業では、ローソンがゴーストレストラン参入を決定し、2021年11月より実証実験を開始した。同社では、店内で調理し販売する「まちかど厨房」を約8,000店舗で実施しているが、昼食・夕食に合わせた調理となるため、厨房の空き時間の活用が課題となっていた。ゴーストレストランにより厨房を有効活用するとともに、新たな顧客層へアプローチする狙いがある。

図3-6 飲食店・ゴーストレストランの一般的なコストパターン

凡例
ゴーストレストランの方が低コスト
ゴーストレストランの方が高コスト

<table>
<tr><th></th><th></th><th>一般的な飲食店の主なコスト</th><th colspan="2">ゴーストレストランの場合(シェアキッチン利用時)</th></tr>
<tr><td rowspan="5">ランニングコスト</td><td>原価</td><td>・食材費
・飲料費</td><td>・容器代は追加でかかるが、大きな差は無し</td><td rowspan="5">・全体としては、一般的な飲食店と比較して、抑えられることが多い</td></tr>
<tr><td>人件費</td><td>・調理スタッフ
・接客/配膳スタッフ</td><td>・接客/配膳スタッフは不要のため低コスト</td></tr>
<tr><td>家賃</td><td>・月額賃料
(立地が良く客席のある広いスペース)</td><td>・厨房スペースのみで立地の自由度が高い
・かつシェアキッチンの場合はさらに低コスト</td></tr>
<tr><td>水道光熱費</td><td>・使用分
(厨房分、客席の冷暖房費 等)</td><td>・シェアキッチンのレンタル料に含まれている場合もあり、管理が容易</td></tr>
<tr><td>その他</td><td>・特に大きなコストは無し
(飲食店アプリは無料のものもある)</td><td>・プラットフォームや配達への利用料がかかる。売上の、30-40% 程度であり最も大きなコスト</td></tr>
<tr><td rowspan="2">初期コスト</td><td>家賃</td><td>・敷金
・礼金
・内装工事費</td><td>・キッチンレンタル料のみのため低コスト</td><td rowspan="2">・コスト負担が少なく、一般的な飲食店と比較し新規参入が容易</td></tr>
<tr><td>機器</td><td>・調理機器</td><td>・備え付けの場合もあり低コスト</td></tr>
</table>

出所)各種公開情報よりNRI作成

図3-7 ゴーストレストランの取り扱いブランド例

ゴーストレストラン名	運営企業名	取り扱いブランド数	主なブランド名
デリステーション	Wiaas	約40 (2022年1月時点)	タイ料理ヒウマイ、NYチキンオーバーライス、鶏あえずタンパク　等
ミリオンプレート	ミリオンプレート	約60 (2022年1月時点)	肉テロ!肉たらしくてぎゅう、しっとりパンケーキ 恋するスフレ、ブロビー　等
Ghost Kitchens	ゴーストレストラン研究所	22 (2022年6月時点)	すーぷのあるせいかつ、さらだのあるせいかつ、NY飯!チキンオーバーライス　等
DeKitchens	出前館	4 (2022年6月時点)	ご当地ラーメン横丁、ジューシー!唐揚げトリップ　等

出所)各種公開情報よりNRI作成

21

ダークストア

Dark Store

Consultant View

今まで店舗に求められてきた“内装”“接客”といったサービスは、店舗運営コストに跳ね返っていた。余計なサービスを削ぎ落としたダークストアが、ECの拡大とともに広がりを見せている。

一方、リアル店舗の価値として、モノを見て、良し悪しを判断して購入できるという点があった。ダークストアでは、モノを見て確認する機会は限られ、リアルとネット、既存の小売店とダークストアをどのように使い分けていけるかが今後の論点である。

語句の解説

消費者が訪れるためのリアル店舗を持たない、デリバリー専門のネットスーパー。

消費者の注文に応じて、商品のピッキング・梱包・配送を行い、短時間で届ける。注文から配達までで10〜30分程度の場合が多く、Qコマース（クイックコマース）と呼ばれることもある。配送に関しては、自社配送員またはマッチングによる個人事業主にて行われる。

また海外では、客の入らないピックアップ専用のスーパーも出現しており、これらをダークストアに含めることもある。

図3-8 ダークストアのビジネスモデル

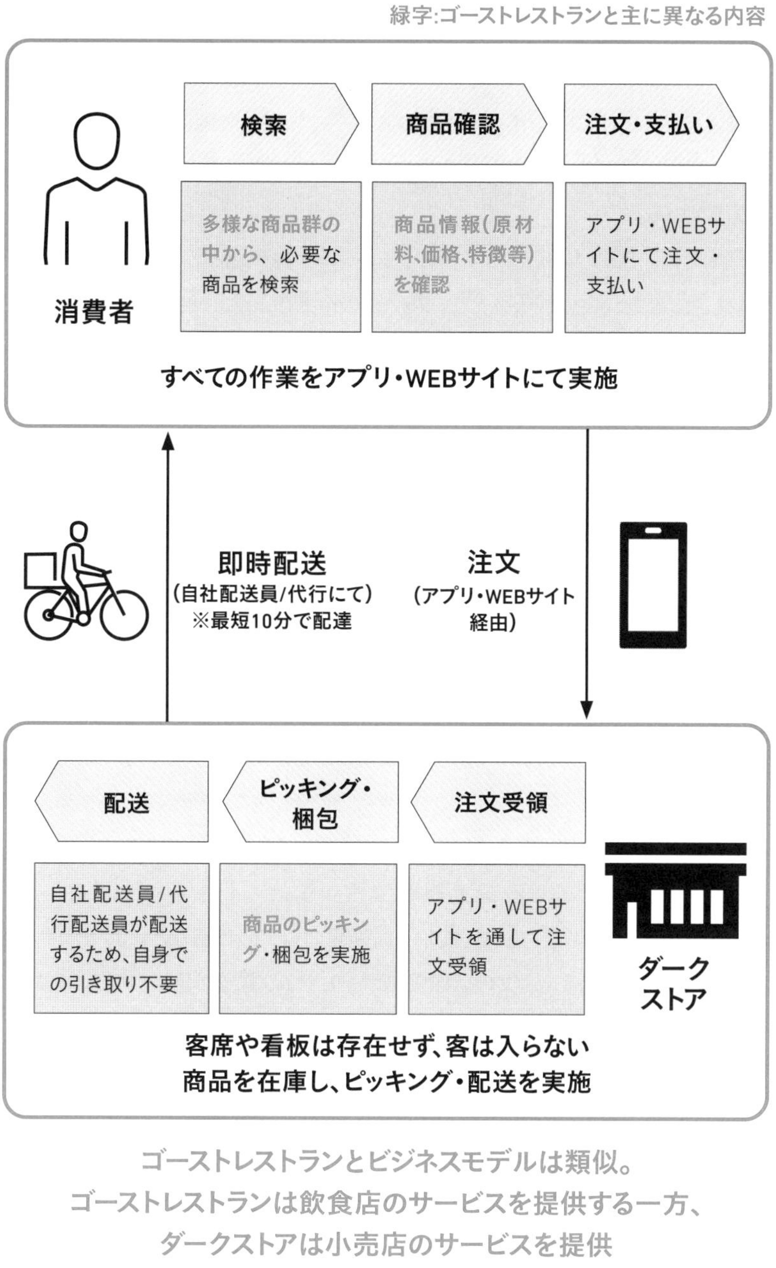

出所)各種公開情報よりNRI作成

ダークストアの広まり

欧米を中心として2020年から多数のスタートアップが登場している。Gorillasなど、時価総額が10億円を超える設立10年以内の未上場のベンチャー企業も誕生している。

日本では、2021年8月に日本初のダークストア専業店としてOniGOが事業を開始した。また、ウーバーイーツ、ウォルトの日本参入や、Meshといったスタートアップも登場している。

ダークストア拡大の背景には、買い物の手間削減や荷物持ち運びの負荷軽減に対する消費者ニーズの高まりが挙げられる。企業としては、ゴーストレストラン同様に立地や接客、内装などのコストを削減し、即時配送という新たな消費者への価値提供を行っている。

多様化するニーズへの対応

OniGOは、2022年2月よりローソンストア100と協業し、実証実験を開始した。OniGOとしては、ローソンストア100の実店舗の商品にアクセスできるため、自身で在庫を持たずに商品群を広げることができる。またローソンストア100としては、新たな客層拡大につなげることが期待されている。

欧米では新たな形態も出現している。新型コロナの影響などにより、クリック&コレクト（オンライン注文の店頭受取サービス）の需要が急増したことを受け、商品配送を行わず消費者が店頭で受け取るピックアップ専門のダークストアが登場している。米国大手スーパーマーケットのクローガーなどが展開していることに加え、同業態に特化したスタートアップであるOpieも登場している。

図3-9 近年誕生した欧米の主なダークストア

2020年設立

企業名	サービス展開国
Flink Food	ドイツ、オーストリア、フランス、オランダ
Fridge No More	アメリカ
Gorillas	ドイツ、イギリス、ベルギー、デンマーク、フランス、イタリア、オランダ、スペイン
Grovy	ドイツ、ルーマニア、チェコ
Jiffy Grocery	イギリス
Zapp	イギリス、オランダ、フランス

2021年設立

企業名	サービス展開国
BUYK	アメリカ
Ding Dong	スウェーデン
JOKER	アメリカ、メキシコ、ペルー、コロンビア、チリ、ブラジル
Kavall	スウェーデン、フィンランド、ノルウェー
Macai	イタリア
Pop Market	ギリシャ
STASH	スイス

出所）各種公開情報よりNRI作成

図3-10 国内の主なダークストア

企業名	サービス開始時期	事業概要(2022年3月時点)
OniGO	2021年8月	日本発のダークストア専業店として事業開始。 目黒区、世田谷区、品川区を中心に展開。 2022年中に100店舗を目指す。
ウーバーイーツ	2021年12月	主事業はフードデリバリー。 日本橋、世田谷の2店舗をダークストアとして展開。
ウォルト	2021年12月	主事業はフードデリバリー。 北海道、広島にて6店舗を展開。
Mesh	2022年夏 （予定）	2021年11月に創業。 東京23区でサービスを開始し、その後拡大を予定。

出所）各種公開情報よりNRI作成

22

スマートレストラン

Smart Restaurant

Consultant View

注文・配膳といったレストランのホール業務の機械化が進展し、レストランの無人化も進みつつある。次なる機械化・自動化の領域は、調理・バックヤードであり、調理ロボットなど様々な機械の開発が進んでいる。

機械化や自動化は、外食産業の勢力図を変える可能性もある。外食企業の事業成長におけるボトルネックとして、多店舗化にあたっての情報不足と人不足があり、スマート化された店舗のデータに基づいた事業戦略、さらには、人手に依存しない多店舗展開が実現できる可能性もある。

語句の解説

デジタル技術を活用し、接客、注文・会計、調理、配膳といった業務を自動化したレストラン。

具体的な技術として、注文・会計では店頭での自動販売機、調理時には調理用ロボット、配膳時には配膳ロボットなどが活用されている。

スマートレストランのうち、すべての業務を自動化し、人手を不要としたレストランのことを、無人レストランと呼ぶこともある。

図3-11 レストラン関連の主なテックサービス

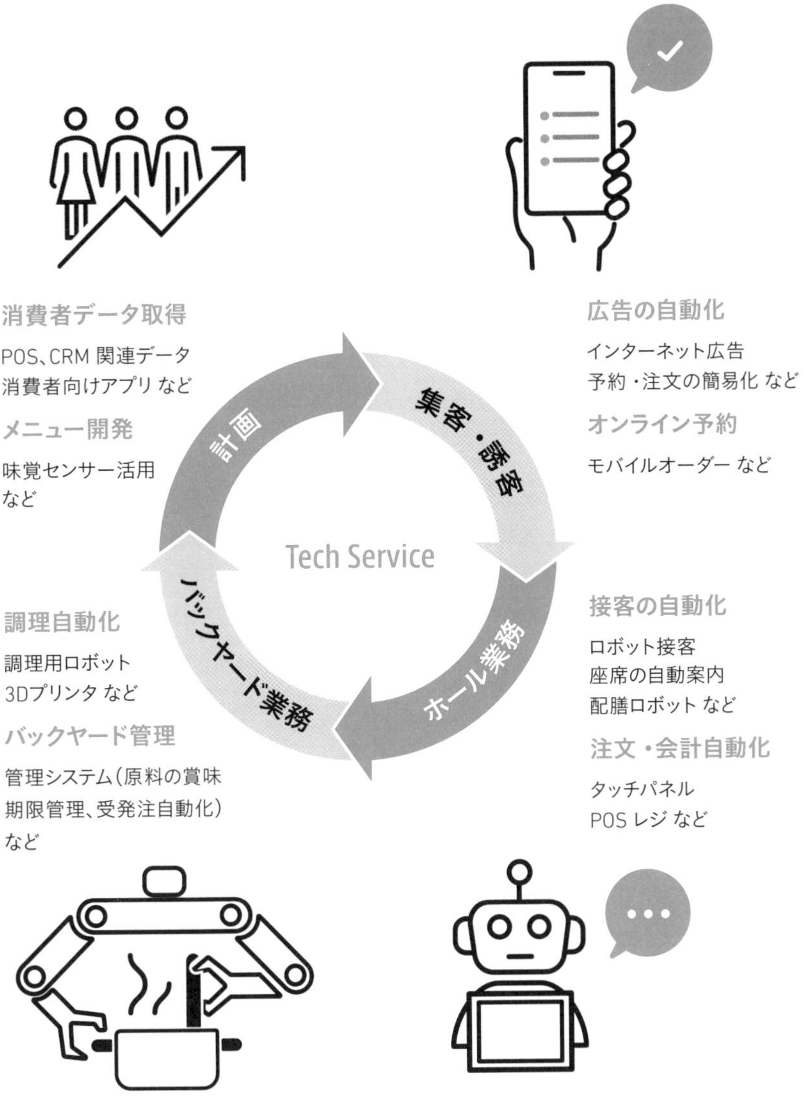

出所）各種公開情報よりNRI作成

外食産業におけるスマート化の高まり

外食産業は、特に人材不足が顕著であり、業務効率化が求められている業種の一つである。デジタル技術の発達やコロナ禍における非接触への需要の高まりも背景に、近年では、デジタル技術の導入が進みつつある。その最先端の形態として、スマートレストランが出現している。

外食産業における身近なデジタル技術としては、注文タッチパネルやPOSレジなどが挙げられ、注文・会計といったフロント業務の自動化が飲食店で導入され始めている。一方、調理に関しては、多彩なメニューに対応することは技術的難度が高いことから、あまり導入が進んでいない。

しかし近年では、調理ロボットも規模は小さいものの広がりを見せている。世界市場は年平均16%伸びるとの予測もあり、今後の台頭が期待されている。

スマートレストランへの取り組み

くら寿司では、スマートくらプロジェクトを実施し、コンタクトレス・タッチレスを実現した新しい食空間創出を試みている。スマホ予約・セルフ案内・スマホ注文・自動配膳・セルフチェック・セルフ会計といった調理以外の全業務を非接触として、スマート化を推進している。

海外では、中国をはじめとして、先進的な取り組みが見られる。2022年の北京オリンピックでは、メインプレスセンターにスマートレストランを設置し、調理や配膳まですべての自動化を実現した。

図3-12 人材が不足している上位10業種（2022年1月）

正社員が不足している企業割合(%)		
1	情報サービス	65.7
2	**飲食店**	**65.1**
3	建設	62.6
4	メンテナンス・警備・検査	60.8
5	農林水産	60.6
6	教育サービス	60.5
7	自動車・同部品小売	60.4
8	運輸・倉庫	55.4

非正社員が不足している企業割合(%)		
1	**飲食店**	**76.6**
2	人材派遣・紹介	51.7
3	娯楽サービス	50.8
4	飲食料品小売	49.4
5	旅館・ホテル	47.6
6	教育サービス	45.9
7	各種商品小売	43.5
8	メンテナンス・警備・検査	40.8

出所）帝国データバンク「人手不足に対する企業の動向調査」

図3-13 世界の調理ロボット市場予測

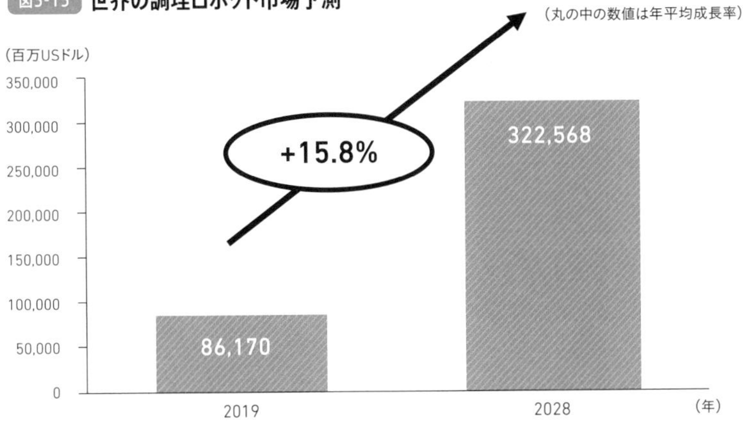

出所）KENNETH RESEARCH「Global Cooking Robots Market Outlook 2028」

23

無人店舗

Unmanned Store

Consultant View

ECの拡大に伴ってダークストアが拡大しつつあるものの、「モノを見て、商品を購入したい」「近くですぐに買えるお店が欲しい」というニーズは今後も存在し、リアルの店舗の存在も欠かせない。

過去、食品も化粧品のように対面販売される形態があったが、スーパーマーケットの登場で食品の買い方はセルフサービスがベースとなった。昨今、人手不足やコスト削減がより強く求められる中で、店舗オペレーションは決済や袋詰めまでもセルフサービス化した無人店舗へとさらなる進化を遂げつつある。

語句の解説

商品のスキャンや決済、店内の監視をすべて自動化することで店内を無人とした小売店舗。レジを介さず手に取った商品を持ってそのまま退店可能なウォークスルー型の店舗と、レジを介するセルフレジ型の店舗に分類される。

無人店舗の導入は技術開発コストを要するが、省人化による人件費の削減や非接触での購入による感染予防、カメラによる監視の厳重化による万引き防止など様々なメリットが挙げられる。

小売店舗のみならず、カラオケ店やホテル、ジム、シェアオフィスなど無人店舗は様々な形態の店舗に広がりを見せている。

図3-14 無人店舗の分類と利用イメージ

*1 事前登録を必要としない店舗も存在
*2 カメラとセンサーで購入商品を判別し、スキャンを要さない店舗も存在（TOUCH TO GO等）
*3 専用アプリのバーコードをかざして入店する場合（Amazon Go等）や、専用アプリを要さず、顔認証で入店する場合（ファミマ!!サピアタワー／S店等）など入店にも様々な方式が存在

出所）NRI作成

無人店舗が及ぼす経済的インパクト

コンビニだけでも全国には56,000を超える店舗数があり、小売店舗を中心に広がる無人店舗が及ぼす経済的なインパクトは大きい。図3-15には、ある大手コンビニチェーン店の1年間の平均的な収支構造を示している。毎年1,900万円の人件費が無人化により削減される場合、コンビニ業界全体では年間で約1兆円以上の人件費が削減できる計算となる。

少子高齢化がさらに進む中で働き手は今後25年間で1,750万人も減少すると言われている。現在、コンビニで働く人口は100万人に達すると言われており、店舗の無人化はコスト削減のみならず人手不足への対応という意味でも社会的なインパクトがある。

国内外で広がる無人店舗

アメリカのホールフーズ・マーケットは親会社のアマゾンが開発した「Just Walk Out」を活用してレジを介さない無人店舗を導入している。日本ではTOUCH TO GOが月額80万円でウォークスルー型の無人決済店舗サービスを提供しており、高輪ゲートウェイ駅の店舗ですでに導入されている。大手コンビニエンスストアも無人店舗に対して前向きな取り組みが目立ち、例えばファミリーマートは2024年までに無人で決済可能なコンビニを1,000店に拡大予定である。ローソンは2018年より店舗無人化の技術を展示会で発表しており、2020年以降も継続してレジを介さない無人店舗の実証実験を続けている。

図3-15 一般的なコンビニエンスストアの一年間の収益構造

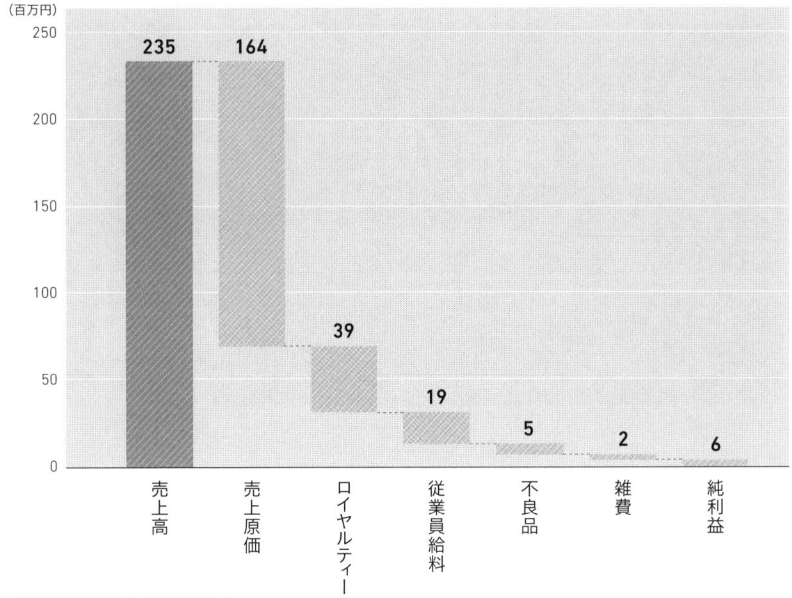

出所）週刊ダイヤモンドよりNRI作成

図3-16 無人店舗技術の例

サービス名（提供会社）	概要
Just Walk Out（Amazon）	2020年に小売店向けに提供開始。Amazon Goの技術が用いられており、店舗に入る際は利用者を識別する特別なゲートを通過する。店内にはカメラやセンサーが設置されており、購入した商品は自動で識別される。購入した商品は店舗利用者のAmazonアカウントに直接請求される。
Scan&Go Ignica（ユナイテッド・スーパーマーケット・ホールディングス）	2020年に初めて、HD傘下のマルエツ等で導入された。スマートフォンに予めアプリをインストールしておくことで、自身のスマートフォンで商品登録と決済を行うことができる。スマートフォンのカメラで商品をスキャンすることで商品登録され、決済後はレジに並ばず退店できる。
TOUCH TO GO（TOUCH TO GO）	2019年に開発されたサービス。技術の外販も行っており、例えばファミリーマートはTOUCH TO GOの技術を活用している。 セルフレジを必要としない、ウォークスルー型の無人店舗で、天井に設置されたカメラ情報や陳列棚に設置された重量センサーなどを基に購入された商品をリアルタイムに認識。退店時に表示された購入商品を確認し、その場で決済する。

出所）各種公開資料よりNRI作成

24

生鮮食品のEコマース

Fresh Food E-Commerse

Consultant View

大量生産・大量消費が進む中で、生鮮品の大量流通を支える卸売市場の仕組みが普及した。その動きは、農産品の規格化を促し、市場成長が鈍化した現在は、結果的に規格品の低価格競争、そして、農家への実入り減少につながっている。

他方、Eコマースは、規格品だけにとらわれない、様々な農産品を販売できるチャネルとして、広がりを見せている。また、農家と消費者を直接つなぐことで、農家が採算の取れる価格で直接販売が可能であることも農家の実入り増として期待されている。

語句の解説

インターネット上で生鮮食品の売買を行う電子商取引のことを指す。日本の生鮮食品の通販市場は2020年度時点で約7,000億円。

他方、従来の日本の農産品の流通は、一般的に生産者から消費者までに複数プレイヤーが介在する多段階的な構造である。特に生鮮品流通では、全国65カ所存在する中央卸売市場と、全国約1,000カ所存在する地方卸売市場が重要な役割を担っている。卸売市場を介在する流通の比率は減少傾向にあるものの、国産青果物では依然として約8割が卸売市場を経由して取引されている。

図3-17 生鮮食品の通販市場の規模推移（国内）

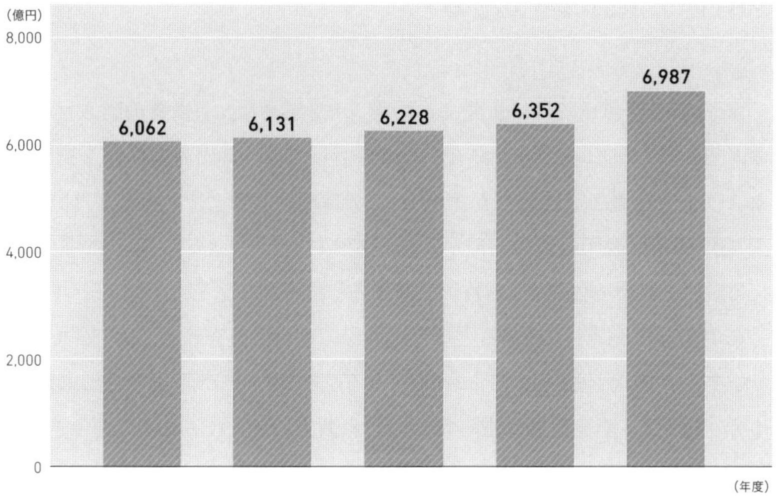

出所）矢野経済研究所

図3-18 一般的な生鮮品の流通構造（国内）

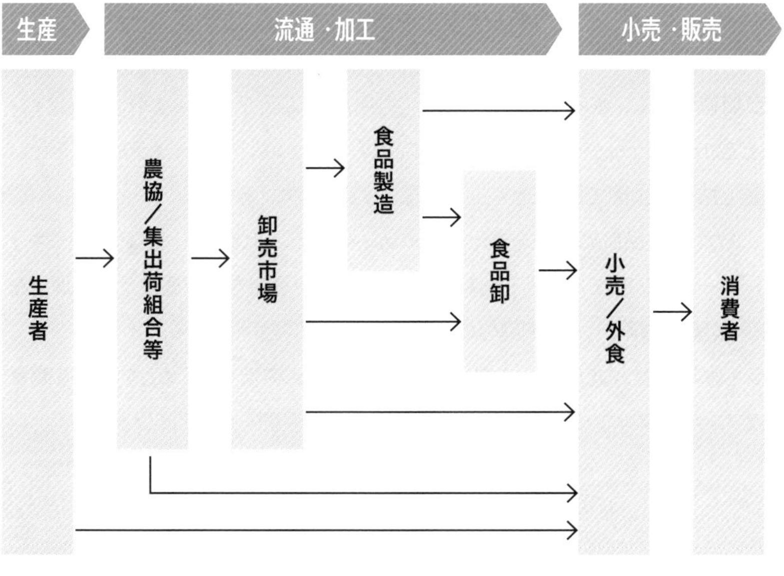

出所）NRI作成

多段階の流通構造の影響

多段階の流通構造は、生産者への実入りを減らし、消費者の購入価格を高める。多くのプレイヤーが介在する市場流通では、集出荷団体、卸売市場および小売業者の流通経費がかかり、この費用は消費者と生産者が負担する。市場流通では流通経費の一部が価格転嫁されることによって、直売流通に対して最終的な小売価格が3割程度上昇すると試算されている。例えば、キャベツの場合、小売価格に占める生産者受取額の割合は直売流通では85%であるのに対し、市場流通では43%まで低くなる。このように市場流通の流通経費がかさむ中で、直売流通は生産者・消費者双方にメリットがある流通手法として期待されている。

生鮮品ECの拡大可能性

このような中で、生産者の新しい販売方法として、産地直送型ECが伸長している。産地直送型は流通工程の短縮となり、結果として生産者の実入り増が期待できる。さらに、消費者としても生産者の顔が見えやすく、オンライン上でコミュニケーションを取りやすいことから、ファンベースマーケティングを行い、売上拡大を企図できることも生産者にとっては魅力である。

また、生鮮品ECの伸長を支えているのが、材料とレシピがセットになった料理キット「ミールキット」である。ミールキットは共働きや子持ちの家庭など、料理をなるべく簡便に済ませたい家庭のニーズに応え市場が拡大している。オイシックス・ラ・大地のようなECプラットフォーマーに加え、味の素をはじめとする製造業者、セブン-イレブンなどの小売業者もミールキットの展開を加速している。

図3-19 青果物の生産者受取価格率（例:キャベツ）

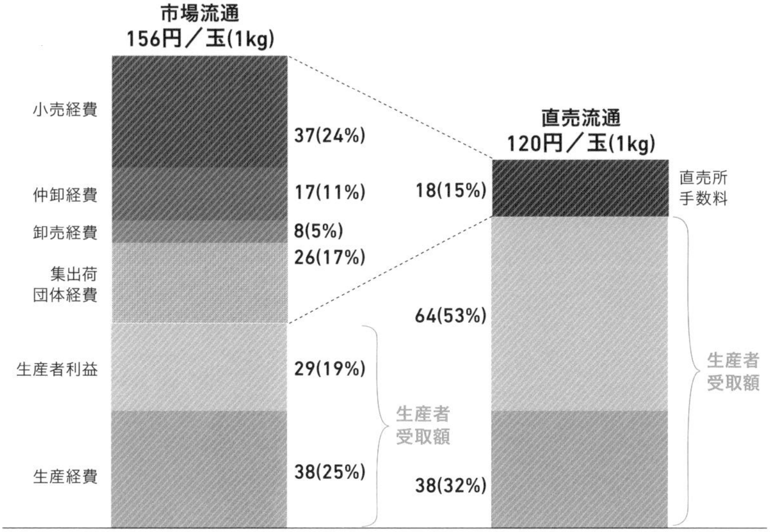

出所）農林水産省試算

図3-20 生鮮品ECのビジネスモデルの特徴

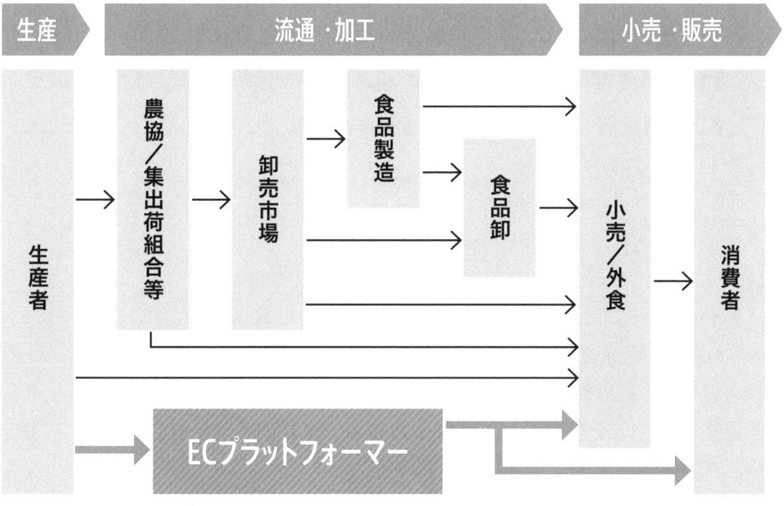

ECプラットフォーマーが、流通加工工程を担う
・産地直送で生鮮品を流通させる　・流通に加えミールキットへの加工も行う

出所）NRI作成

25

食品 D2C

Direct to Consumer in Food

Consultant View

D2Cのビジネスモデルは、商品の差別性を伝えやすい。食の多様化が進む中で、D2Cによる消費者のニッチニーズに対応した新ビジネス、また、個々の消費者の声を汲み取った新商品・トレンドを生み出そうとする取り組みが増えつつある。

一方で、D2Cはネット完結のビジネスと思われがちであるがそうではない。消費者へのリアル接点との組み合わせや物流など、リアルビジネスの再設計もあわせて検討する必要がある。

語句の解説

D2C

ダイレクト to コンシューマーの略。メーカーが中間流通を介さず自社のECサイトなどを通じ、商品を直接消費者に販売するビジネスのこと。オンラインで商品や創業への想い、世界観などを消費者に直接訴えることで自社のファン作りを行う一方、流通マージンなどを抑制し、コスト競争力も高めるなどといった「売上面」と「コスト面」の双方で競争優位を図ることができる。

特にサプリメント・健康食品にてD2Cが進んでいる。それ以外の食品に関しては、依然として小売店での購入が多いものの、D2Cの占める割合は徐々に高まりつつある。

図3-21 D2Cのビジネスモデル

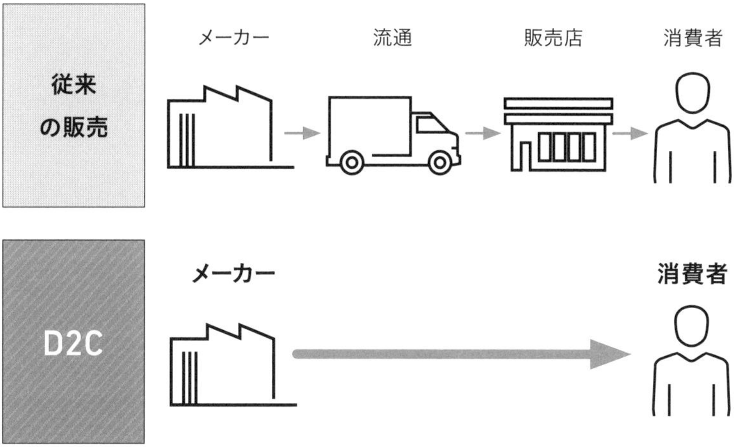

出所）NRI作成

図3-22 商品ブランドの公式サイト・アプリでの購入割合

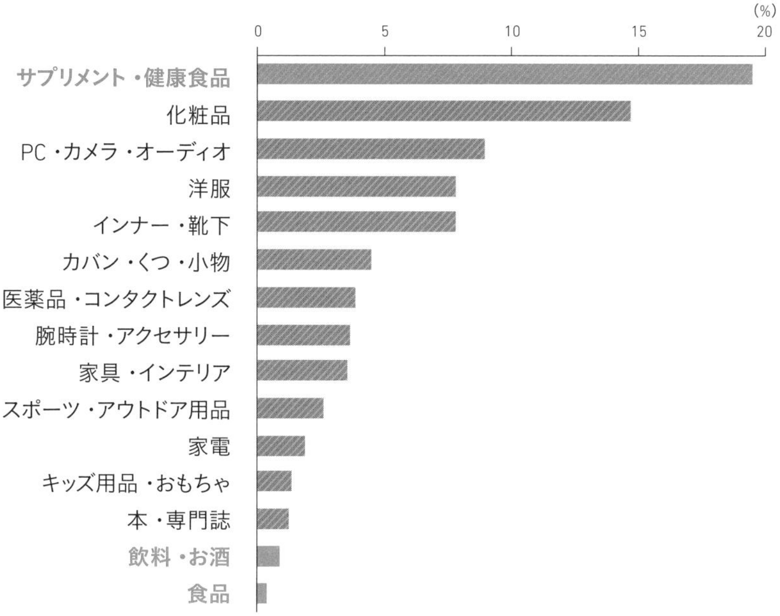

出所）SBペイメントサービス

求められる顧客体験の向上

D2Cでは、個人個人に最適な商品をメーカーが消費者に直接提案することが可能となる。さらに、D2Cで得られた情報に対して、分析やビッグデータ解析を行うことで、その精度をさらに高めることが期待される。

ただし、現状は、上記の取り組みについてPDCAサイクルを回せている企業は一握りである。成果を生み出すためには、カスタマージャーニーを意識した上で顧客ニーズを満たすための顧客体験(CX)の設計と、それを実現する各種施策の検討・推進が不可欠である。

デジタルだけでは解決しないD2Cビジネス

D2Cを展開する上での大きな壁の一つが、認知獲得である。自社サイトを立ち上げただけでは認知は得られず顧客データも保持していないため、顧客への個別アプローチも実施できない。まずは、インターネット広告やインフルエンサー活用などに取り組み、初回購買へと結びつけることが求められる。

認知獲得のための試みとして、オフライン施策も実施されている。野菜をまるごと使った食品を提供するZENBは、表参道駅でのブランド広告展開や外食店でのメニュー提供などを2022年2月に実施した。また、完全栄養食を提供するベースフードは、ファミリーマートなどにおける商品販売を2021年より開始している。リアルの場にて顧客接点を設けることで、認知・売上拡大を図っている。

図3-23 D2Cによる顧客満足度向上のメカニズム

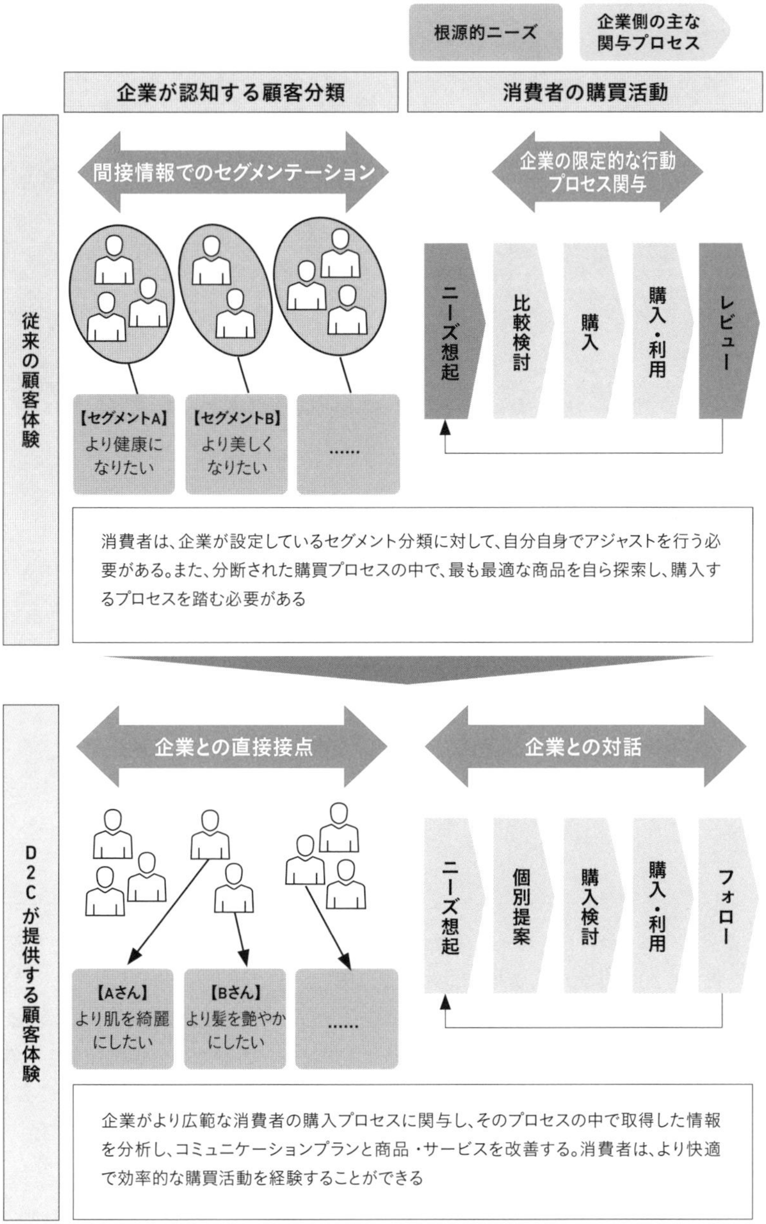

出所）NRI作成

26

ご当地スーパー

Local Supermarket

Consultant View

地元の生活者を支える地域のスーパーマーケットは、大手流通や新業態（ドラッグストアやECなど）との競争にさらされている。地域ならではの小売店の在り方を模索する一方で、コスト競争力を高めるための合従連衡も進展している。

ご当地ならではの、「地場」「鮮度」「関係構築」「対話」「地域貢献」といった価値を地域とともに確立していく必要がある。

語句の解説

食品スーパーは、スーパーマーケットのうち、売上に占める食品比率が大きい業態を指す。2019年度の市場規模は約16.5兆円。

ご当地スーパーは、食品スーパーマーケットのうち、特に地域を発祥とし、地域に根差している企業を指す。近年は、こだわりを持った商品販売や店舗開発をするご当地スーパーが話題になっている。また、2019年には「全国ご当地スーパー協会」が発足した。協会は、ご当地スーパーの食品部門、お土産部門、総合部門のグランプリを開催するなど積極的に活動しており、ご当地スーパーブームを後押ししている。

図3-24 食品小売の業界構造（2019年）

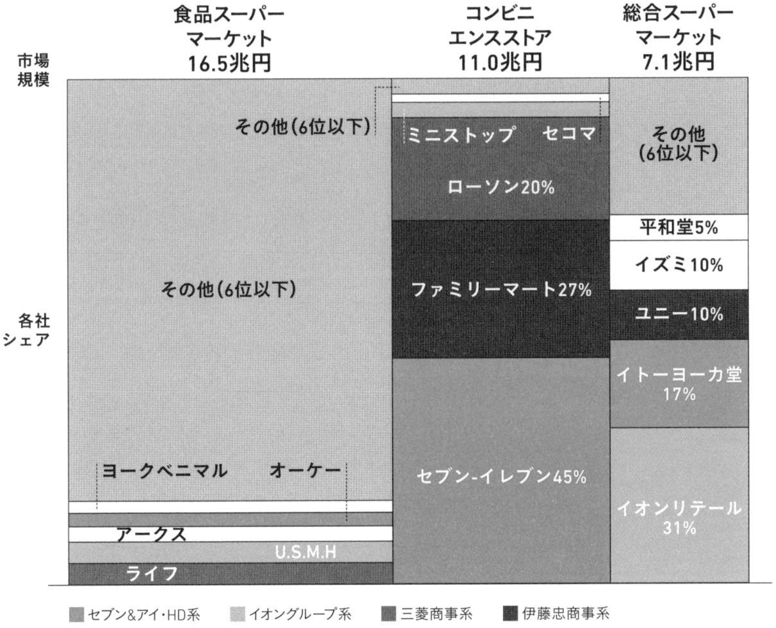

出所）「日本の小売業1000社ランキング」チェーンストアエイジ（2020年）よりNRI作成

図3-25 ドラッグストアの商品カテゴリー別売上構成比の推移

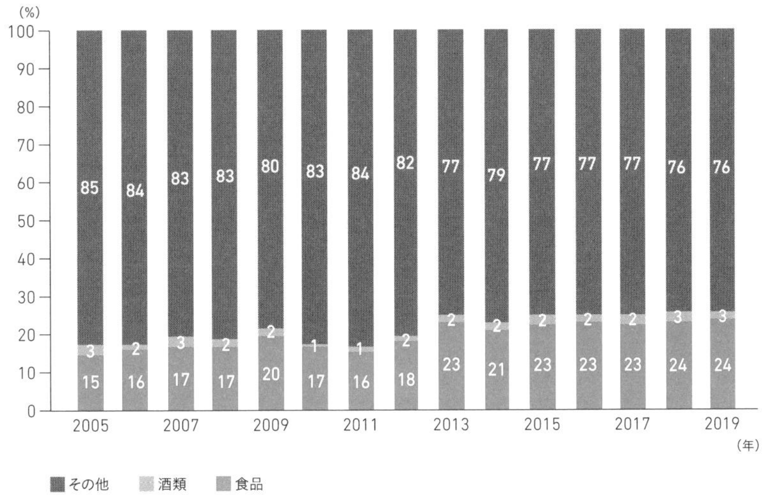

出所）『HCIドラッグストア経営統計』日本ホームセンター研究所（2020年）よりNRI作成

ご当地スーパーの生き残りのポイント

競争環境が厳しさを増すにつれて、地域に根差すご当地スーパーは生き残りをかけた大手流通との差別化が求められている。価格競争力では大手流通との差別化が難しい中で、「地場」「鮮度」「関係構築」「対話」「地域貢献」といった、地域との距離が近いご当地スーパーだからこそ成し遂げられるポイントで価値提供を図る。今後、ご当地スーパーが大手流通や新業態と対抗しながら地域での競争力を保ち続けるためには、こうした取り組みを通じて、地域ならではの小売店の在り方を引き続き摸索していく必要がある。

ご当地スーパーで進む合従連衡

ご当地スーパーでは、大手流通に対抗する競争力を高めるため合従連衡が進んでいる。例えば、北海道発祥のアークスは北海道や東北地方の多くのスーパーと合併し規模を拡大している。他にも、北から南まで数多くの地域において、合従連衡を進め企業規模を拡大させる業者が存在している。さらに、地域を超えたご当地スーパー間の連携も進む。2018年には、アークス、バロー（岐阜）、リテールパートナーズ（山口）が「食品スーパーマーケットとして共通の課題への適切な対処や、ビジネスモデルの革新につなげていくこと」を目的として、地域を超えた提携の枠組みである「新日本スーパーマーケット同盟」を結成した。今後地域に根差すご当地スーパーの価値を提供し続けるためにも、競争力を高めるための業界再編がさらに加速していくものと予想される。

図3-26 ご当地スーパーの価値付加のポイント

企業名	展開エリア	価値提供ポイント
スズキヤ	神奈川県	総菜や化粧品等、多くの商材を地元のメーカーや飲食店と共同開発
べじたフル王国	神奈川県	「鮮度に特化」をコンセプトに、肉・魚・野菜とも地場の新鮮なものを販売
鮮Do! エブリイ	広島県	子供向けスペースの配置や、手作りカレンダーの配布等、店に立ち寄る楽しさを創出

出所）イマナカ、中日新聞よりNRI作成

図3-27 有力ご当地スーパーで進む業界再編

出所）流通ニュースよりNRI作成

27

次世代コンビニ

Next Generation of Convenience-Store

Consultant View

コンビニ業界は、出店競争が長らく続き、過当競争の中で業界再編にまで進展した。他方、日本中に張り巡らされたコンビニのネットワークは周辺住民の生活基盤としての次なる役割が期待されている。限られたスペース・限られた人員で様々なサービスを提供するコンビニは次なる進化が求められている。

語句の解説

コンビニエンスストア（以下：コンビニ）

小売業態のうち、飲食料品を取り扱い、比較的小規模で営業時間が長い業態の店舗。日本には2021年末時点で約56,000店舗存在し、市場規模は約11兆円。長らく出店競争が続き過当競争となってきた中で、2010年頃より業界再編が進み、2019年ではセブン-イレブン、ファミリーマート、ローソンの大手3社で90%以上のシェアを占めている。

次世代コンビニ

人口減少に伴う市場の頭打ちが想定される中で、コンビニは新たな価値提供が求められている。今後長期的にコンビニが目指すべき方向性として、「リテールテックの活用」「社会課題解決型ビジネス提供」「海外展開」の方向性が指摘されている。

図3-28 コンビニエンスストアのシェア構成の推移

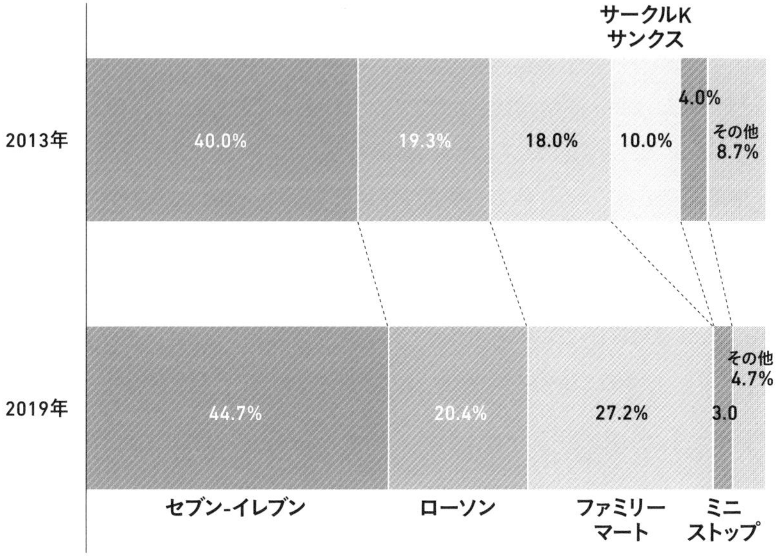

出所）チェーンストアエイジ

図3-29 次世代コンビニの目指す方向性

リテールテックの活用	テクノロジーの動向やそれによる消費者の買い物行動の変化に応じて、リテールテックを活用しコンビニビジネスを再構築する
社会課題解決型ビジネスの提供	買い物難民の支援、地域振興、災害時の対応など、社会課題解決の文脈でさらなる役割を果たす
海外展開	日本型の強みや、日本で培ってきたノウハウを生かしつつ、展開先に応じた柔軟な事業展開により、海外展開をさらに推進する

出所）経済産業省

次世代コンビニのあるべき姿の仮説

前述の通り新たな価値提供が求められているところであるが、特に国内において取り上げられている事項は、「社会課題解決」と「デジタル活用」である。例えば、人口減少・高齢化社会が進む中、コンビニに対して、“買い物インフラ”として”買い物包摂”を満たすことや、地方創生など、社会課題解決の担い手の役割が期待されている。他方、現状の店舗レイアウトや事業上のコスト構造では、これらの役割を収益性を維持した形で成立させられない可能性が高い。そのため、デジタルなどの活用で、省人化や店舗小型化を果たし、地域に合わせた効率的な店舗運営の形を模索していくことが必要である。

新たな社会基盤としての模索

コンビニ各社は、社会課題解決の担い手として、新たな価値提供を模索している。ファミリーマートは、“買い物難民”が多い地域の郵便局内に小型ブースを設置し商品の販売を開始、リテールテックを活用した省人化小型店舗にも取り組んでいる。ローソンは、店舗から距離のある高齢者施設や企業に、移動販売車で訪問するサービスを提供している。自治体と連携し、高齢者への声掛けも同時に実施し、地域の高齢者の安全を守っている。

また、地方経済活性化の担い手としての取り組みも伸長している。セブン-イレブンは、「地方創生」をテーマとしたアクセラレータープログラムを実施し、外部アイデアも取り込み新たなビジネス機会を探索している。そのほか、北海道を基盤とするセイコーマートは、地域ならではの商品開発や品ぞろえ、観光客向けの店舗開発を行うことで、北海道のファン作りに貢献している。

図3-30 次世代コンビニのあるべき姿

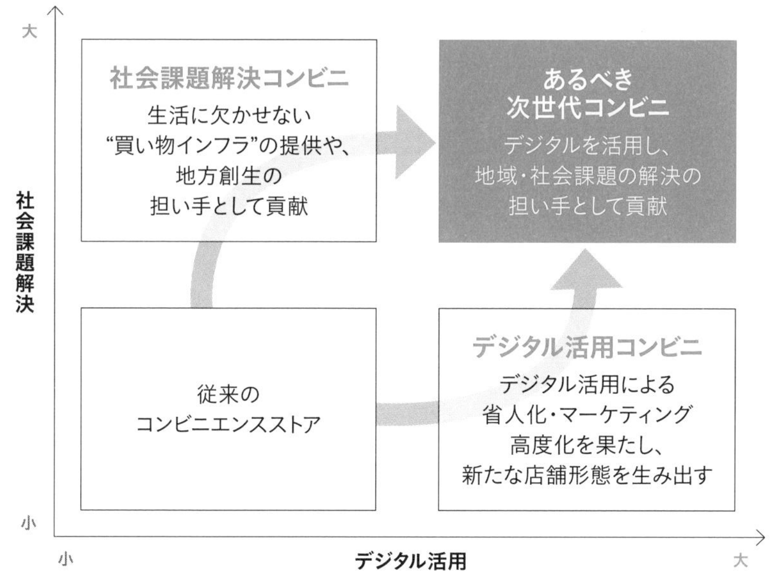

出所）NRI作成

図3-31 社会基盤として機能するコンビニ

ファミリーマート	郵便局に小型店舗を併設し買い物難民の解消に貢献。リテールテックを活用し、省人化・小型化した店舗を展開
ローソン	限界集落での移動販売サービスを実施。自治体と連携し、見守りサービスの実施や、雇用創出も同時に実現
セブン-イレブン	地域特有の原材料を使った商品開発を推進。「地方創生」をテーマとしたアクセラレータープログラムを実施し、ビジネス機会を探索
セイコーマート	地域ならではの商品を多く開発・陳列。また、訪日外国人が多い地域では、特有のニーズに応えた店舗開発を実施

出所）流通ニュース

28

物流クライシス

Logistics Crisis

Consultant View

食品物流には、荷傷みや衛生面への対応、さらに賞味期限といった制約があり、在庫管理の難しさもある。また、中小事業者が多いため、足並みをそろえにくく、業界全体としての物流対応が遅れていた。

昨今の物流クライシス（配送員不足＋働き方改革）への対処は避けられない状況にあり、各社ともよりいっそうの効率化への取り組み、さらには業界としての標準化が強く求められている。

語句の解説

従来と同じ輸送頻度・輸送量・運賃で輸送できなくなることを総じて、物流クライシスと呼ぶ。

1980年代後半のバブル経済時に急騰した道路貨物輸送価格は、バブル崩壊後に他のサービス価格が下がる中でも、ほぼ横ばいで推移。そして、2014年頃から上昇傾向に転じた。

物流サービス価格高騰の背景には、EC市場の成長による多品種小ロット輸送の増加もあるが、物流網を維持するためのドライバーが不足していることも大きな要因となっている。経済産業省は「2027年には27万人不足。2030年には物流需要の約36%が運べなくなる」と物流業界の人手不足に警鐘を鳴らしている。

図3-32 道路貨物輸送・宅配便のサービス価格の推移（2015年=100とした指数）

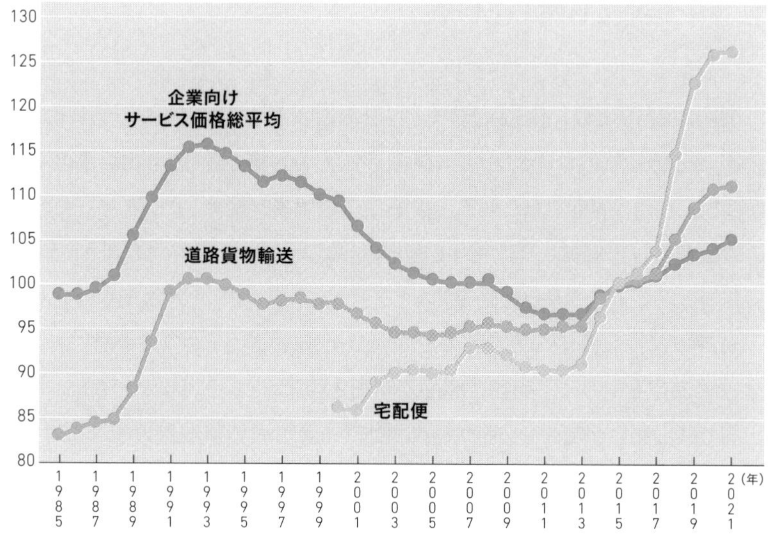

出所）日本銀行

図3-33 自動車運転業の有効求人倍率

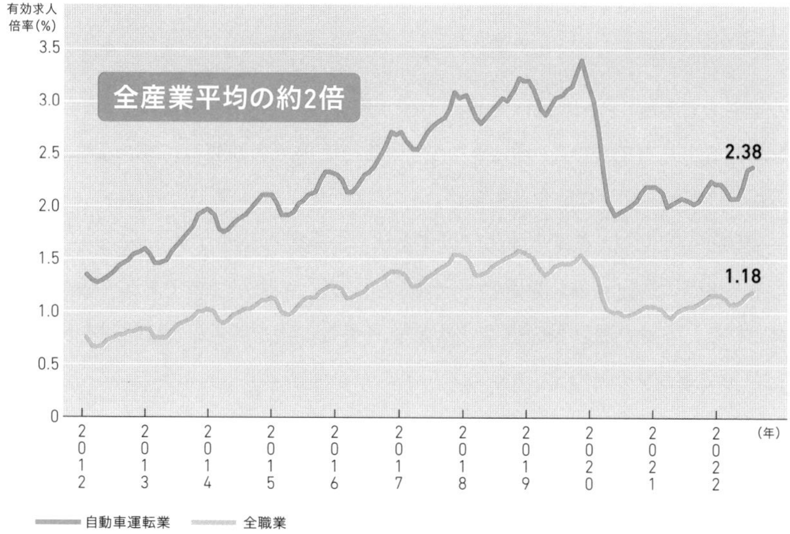

出所）国土交通省

世界中で発生し始めている

国内のEC市場は、直近10年で約2倍の20兆円規模に拡大した。中でも、物販系分野は新型コロナウイルス感染症拡大の対策として、外出自粛の呼びかけとEC利用が推奨された結果、大幅に市場規模が拡大した。また、宅配便の取扱個数は市場拡大に比例して増えている。一方、その物流を担うトラック運転者は、低賃金や長い労働時間などを背景に、人手不足が問題視されている。

海外では、消費者の実生活への影響も出始めている。コロナ禍において、米国東海岸を中心に小売店に商品が陳列されないという現象が起きた。コロナ禍で外出機会が減少し、EC取引が増加したが、その輸送量の増加に対して、トラック業界は人材不足の中で十分な対応ができなかったためである。

物流クライシスの進展は、消費者の生活の基本となる食の安定供給を揺るがすことにつながりかねない大きな問題である。

業界の壁を越えた物流プラットフォーム構築の必要性

個社としてのコスト削減は業界内で生き残るために欠かすことのできない課題である。一方で、コスト増につながり得る物流環境の改善は、求められながらも一歩を踏み出せない企業も多い。

物流クライシスは業界全体の問題であり、企業間の壁やサプライチェーンの垣根を越えた取り組みを関係者が一体となって行うことが必要である。業界全体として、荷姿や温度帯の標準化など物流会社の声を聞きながら問題を解決していくことが欠かせない。

なお、企業関連携の取り組みとしては、味の素やハウス食品グループ本社など国内食品大手5社で共同配送に取り組むF-LINEプロジェクトなどがある。

図3-34 BtoC-EC市場規模（物販系分野）及びEC化率の経年推移

出所）経済産業省

図3-35 トラックドライバーの労働時間

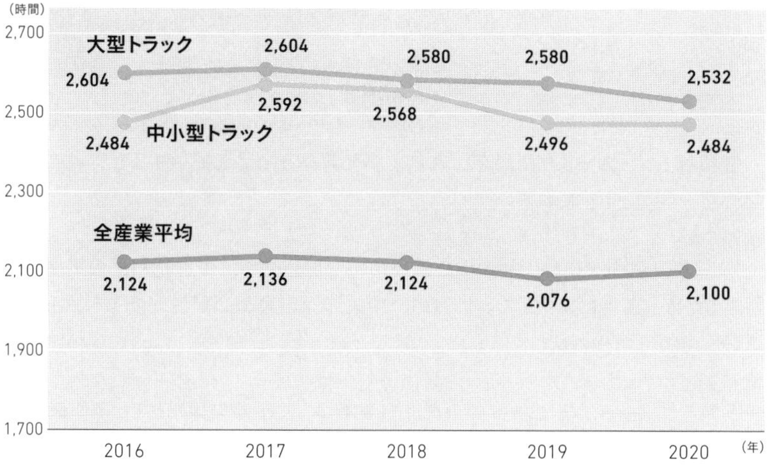

出所）厚生労働省

29

卸売プラットフォーム

Wholesale Platform

Consultant View

卸売市場を経由する農産物は長年減少傾向にある。また、加工食品の流通基盤を担う食品卸業界も統廃合が進んできている。

卸売市場の役割であった集荷・分荷、価格形成、代金決済、情報発信、また、食品卸が担う商流・金流・物流・情報流の役割について、デジタル技術を活用した新たなプレイヤーが登場するなど、卸売を支える仕組みは次なるステージにシフトしつつある。

語句の解説

卸売

生産者・メーカーより商品を仕入れ、小売業へと商品を提供するビジネス。中間流通・問屋とも言われる。

卸売市場

1927年、京都市に全国初の中央卸売市場が開設され、生鮮食料品の流通を確保するため、各地に拡大した。昨今は、中央卸売市場の必要性が低下し、その数は1980年から減少に転じている。

食品卸

多数の食品メーカーと多数の小売・外食をつなぐ役割を果たしている。商流・物流・金流・情報流を担うことを強みとし、寡占度の低いスーパーマーケットやレストランへの貢献度が高い。1999年頃を境に市場規模は微減傾向で事業所数も減少している。

図3-36 中央卸売市場及び卸売業者数の推移

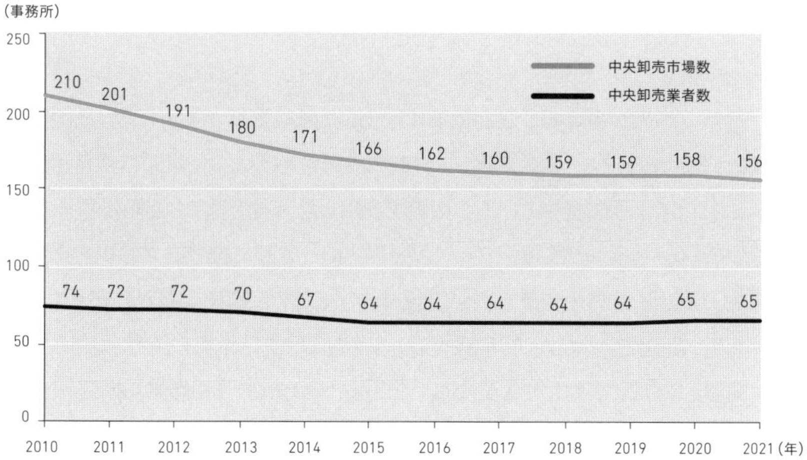

出所）農林水産省

図3-37 国内食料・飲料卸売業の年間販売額及び事業所数の推移

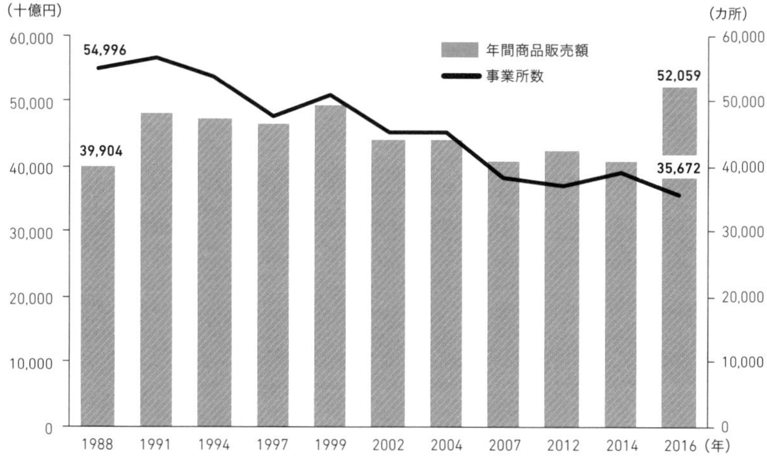

出所）統計局

卸売業界における個別サービスの台頭

近年、卸売業者の担う個別機能に特化した新規事業が生まれている。例えばBtoBプラットフォームに特化しているインフォマートは、企業間の受発注システムをクラウド型で提供し、その商流を利用した流通金額は8兆円規模まで成長している。金流領域では、フィナンシャルロボットが続々と登場しており、請求・集金・消込・催促の作業をすべて自動化することで、卸売業者が介在せずともメーカーと小売や外食が決済のやり取りを実施しやすい環境を整えつつある。

背景としては、自動化や生産性向上を目指すデジタル技術の発展がある。そして、デジタル化された結果として、データドリブンの意思決定が進んでいる。今後は流通過程も見える化され、既存の流通構造とは異なる流通チャネルが誕生する可能性もある。

卸売業界におけるデジタルの活用

既存卸売業の競争力向上のためにも、デジタル技術の活用は欠かせない。例えば仙台市中央卸売市場の卸売業者は受発注を電子化し、入出庫履歴や在庫の管理につなげることで、年間340万件のデータ入力作業を削減した。カギは産地情報の電子化であり、川上から電子化することで実需側まで一気通貫で情報管理を行い、より計画的な生産や物流、販売につなげることが可能となる。

卸売業界は近い将来、大手によるさらなる業界再編や、デジタル活用による流通革命が起こる可能性が高い。業界全体としてのデジタル活用が進み、蓄積されたデータを基にした物流の効率化や新サービスの展開など新たな成長戦略が期待される。

図3-38 卸売業界におけるサービスの事例

		企業・キーワード	概要
1	商流	Web 受発注システム「アラジンEC」	・サントリーグループでは注文データの確認箇所が26ヵ箇所から0に。電話問い合わせも8,000件減
2	商流	インフォマートBtoBプラットフォーム	・取引先との受発注業務に利用できるクラウド型システム ・流通金額(2018年)は、8兆497億円
3	金流	フィナンシャルロボット(Robot Payment 社)	・請求・集金・消込・催促作業をすべて自動化。卸を介在せずメーカー、小売、外食と取引が可能
4	金流	事前需給マッチングによる物流コスト削減	・事前に売り買いを成立させ、指定した場所に生産者が持ち込み、買い手側が受け取るアセンブリー方式。ラストワンマイル輸送をカットし、物流コスト削減
5	物流・情報流	市場間転送サービスの効率化(クルーズ社)	・各地間の情報ギャップを埋め物流を効率化 ・品目ごとのスペシャリスト間で常に情報連携、転送事業を展開
6	物流・情報流	Amazon 出品サービスはBtoB ビジネスを支援	・ECサイト上の販売だけでなく、法人向け販売、個人・法人に対する出店サービスを展開 ・小規模食品メーカーや生産者と世界中の最終消費者(あるいは小売)を結びつけるプラットフォーム ・出店社にマーケティング情報を無料提供

出所)NRI作成

図3-39 今後、既存卸売業に求められる取組例

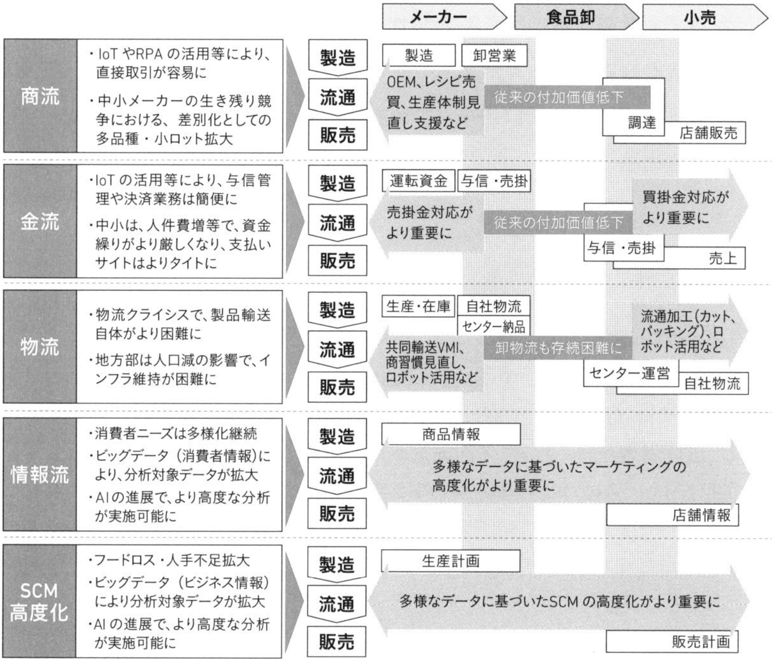

出所)NRI作成

30

コールドチェーン

Cold Chain

Consultant View

食品の品質を維持するためには、それぞれの食品に適した様々な温度帯での輸送が求められる。コールドチェーン技術は、食のバラエティを支える重要な技術である一方で、低温倉庫での業務が求められるなど荷役業務の負担も大きい。

輸出におけるコールドチェーンの断絶なども課題となっており、ヒトと環境に優しい流通の在り方が求められている。

語句の解説

コールドチェーンとは、生産地から小売までを規定の冷蔵・冷凍温度に保ったまま流通させる手法を指す。

保管時はマイナス20℃を境に、それ以上はクーラー級（C級）、それ以下はフローズン級（F級）に分けられ、C級は3つ、F級は4つと保管する食品に合わせて細分化された温度管理が行われている。輸送時は温度管理センサーでのモニタリングやドアの開け閉め回数のカウントなど、特定の温度に保つための技術が様々発展している。

他にも、保冷ジッパー、結露防止用除湿剤など包装材の開発や、低温倉庫での機械化や自動化など、バリューチェーンの各所でコールドチェーンを支える技術開発が行われている。

図3-40 コールドチェーンの仕組み

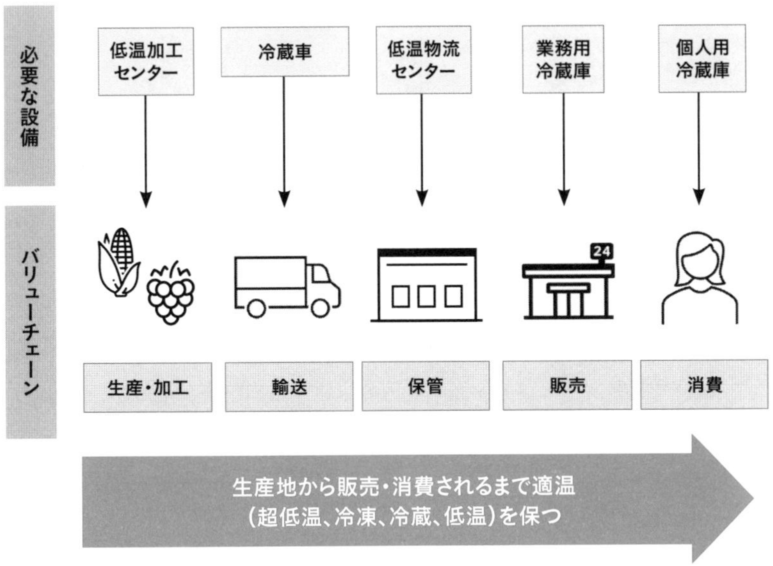

出所）NRI作成

図3-41 等級別取扱い食品

等級	保管温度帯	食品
C3 級	-2℃〜10℃（定温）	穀類、マヨネーズ、チョコレート菓子など
C2 級	-10℃〜-2℃（冷蔵）	乳製品、練り製品、畜肉、鮮魚介類など
C1 級	-20℃〜-10℃（冷蔵）	
F1 級	-30℃〜-20℃（冷凍）	魚介、畜肉、冷凍食品、アイスクリーム、パン生地など
F2 級	-40℃〜-30℃（冷凍）	
F3 級	-50℃〜-40℃（超低温）	マグロなど
F4 級	-50℃以下（超低温）	

出所）日本冷蔵倉庫協会

コールドチェーンにおけるリソース不足

食に対する消費者の価値観の変化、冷凍食品を支える技術の発展により、冷蔵・冷凍を必要とする食品・食材は多様化が進んでいるが、一方でコールドチェーンを支える施設や人手は不足傾向にある。

国内では、都市部・地方部を問わず、冷蔵・冷凍倉庫の不足が課題として挙げられる。水産物の漁獲量が多い地方部では、鮮度維持のために冷凍倉庫の設備拡充が求められている。都市部では、海外からの輸入物資が集中することで物資が滞留しやすく空港・湾岸周辺の冷蔵・冷凍倉庫が不足している。

海外に目を向けてみると、東南アジアなど日本の輸出先国で冷凍倉庫が不足しており、店頭までコールドチェーンを確保できないケースが見られる。

重要な冷媒の役割

冷凍、冷蔵装置で重要な役割を担うのが冷媒である。過去、冷媒に使われていたフロンはオゾン層破壊による地球温暖化への影響が問題視され、生産量・消費量が規制されている。こうした背景から、環境にやさしい自然冷媒（自然界にもともと存在するアンモニア、二酸化炭素、水など環境にやさしい物質を使用した冷媒のこと）が求められている。

一方で、自然冷媒は燃焼性を有する物質が多く危険で、またコストも高く費用対効果が小さい。そのため現状は導入が限定的となっており、政府は技術開発事業の推進や補助金の支援を行っている。コールドチェーンは食品廃棄削減、輸送地域の拡大などメリットも大きく、今後成長産業としての期待も高いため、様々な課題への迅速な取り組みが求められる。

図3-42 ASEANのコールドチェーン物流市場規模推計結果※（2020年）

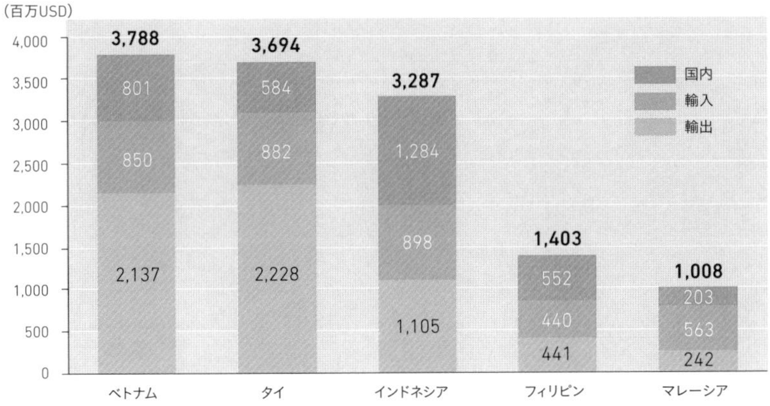

出所）各種統計情報よりNRIが独自に推計
※参考：日本国内冷凍食品の生産額は約7,000億円（日本冷凍食品協会調べ）

図3-43 フロンの環境への影響と生産・輸入規制

	オゾン層破壊効果（係数）	温暖化効果 ※二酸化炭素（CO_2）を1とした場合	生産・輸入規制（モントリオール議定書（オゾン層保護法））
クロロフルオロカーボン（CFC）	1〜0.5	3,800〜8,100倍	1996年全廃
転換 ↓			
ハイドロクロロフルオロカーボン（HCFC）	0.5〜0.005	90〜1,800倍	2020年全廃
転換 ↓			
ハイドロフルオロカーボン（HFC）	0（破壊しない）	140〜11,700倍	対象外（オゾン層破壊は生じない一方で強い温暖化効果を持つため、京都議定書の削減対象とされている）

出所）NRI作成

31

輸送シェアリング

Sharing in Transportation

Consultant View

様々な工夫が行われてきた食品物流であるが、持続可能な物流網の維持には、今までの競争原理以外に協調の視点が必要になってきている。協調領域として、輸送に必要なヒト・モノのシェアリング、そのための情報共有の仕組み作りが求められている。

語句の解説

企業や個人が所有しているモノや場所・スキルなどを需要のあるところにシェア(貸借・売買・提供)していく新しい経済の動きをシェアリングエコノミーと呼ぶ。

物流業界においても「シェアリング」の考え方は浸透しており、労働力不足や遊休不動産増加といった課題の解決策としても注目されている。

シェアリングエコノミーの世界では車移動したい人とドライバーをつなぐウーバーが2010年に設立され、以降、長距離向けサービス、自家用車貸出、相乗りなどサービスが多様化している。日本ではハコベルが、物流企業と荷主企業をマッチングする法人向け運送サービスを提供しており、物流企業の非稼働時間やドライバーを有効活用している。

図3-44 輸送シェアリングのビジネスモデル

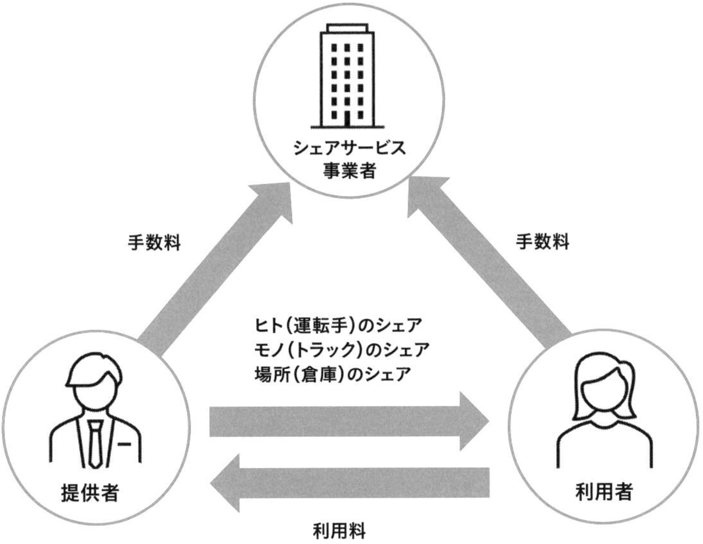

出所）NRI作成

図3-45 シェアリングエコノミーの国内市場推移と予測

※サービス提供事業者売上ベース

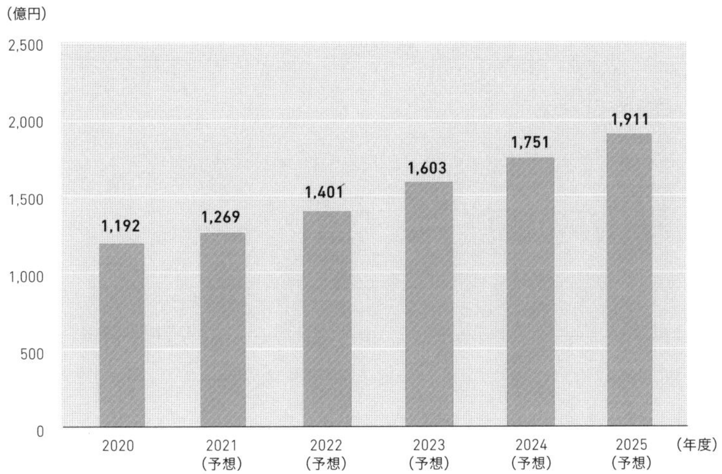

出所）矢野経済研究所

物流シェアへの期待

競争領域は、シェアリングには向いていない。食品物流はかつて競争領域であり、各食品メーカーが物流子会社を保有して差別化を図っていた。しかし近年、物流クライシスに直面した現場は、労働力不足に苦しんでおり、標準化された物流サービスの共同利用や外部サービス連携を求めはじめている。

これらの声を受けて、同一の倉庫や車両を用いた共同配送、遊休不動産をシェアリングする共同倉庫、さらには、ドライバーのシェアリングなど様々なサービスが台頭している。

シェアリングに必要なIT投資と業界標準化

シェアリング実現の第一歩は余剰資産の見える化であり、情報管理の高度化が求められる。食品業界は他の業界に比べて中小企業が多く、IT投資が遅れていることから、個社での取り組みのみならず、業界全体で取り組む必要がある。

国土交通省は、加工食品分野における物流標準化アクションプランを策定した。伝票や外装、データ仕様などの標準化を図り、個社の垣根を越えた共同物流の推進を目指している。

異業種連携も有効な打ち手の一つ

日野自動車の子会社であるNEXT Logistics Japanは、業種や業態を超えた荷主と様々なノウハウを持つ物流企業が連携する、オープンなシェア輸送プラットフォームを構築した。業種や業態を超えた荷物を1台のトラックに混載させ、幹線輸送を行うことで、平均積載率は40%から70%に向上し、ドライバー一人当たりの輸送量は飛躍的に向上した。

図3-46 加工食品分野における物流標準化の取り組み

凡例：表示情報

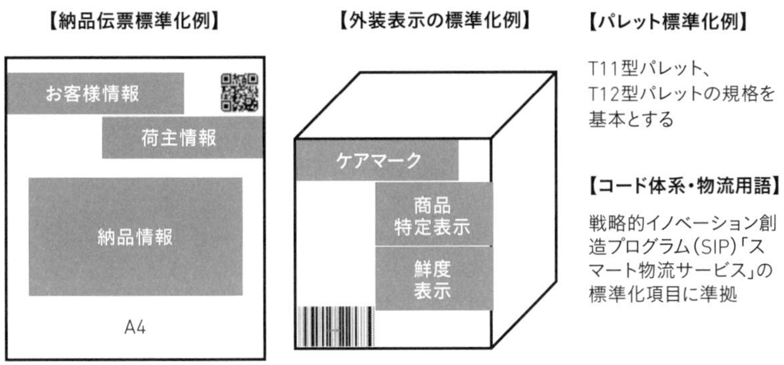

出所）国土交通省

図3-47 幹線輸送シェアリングスキーム

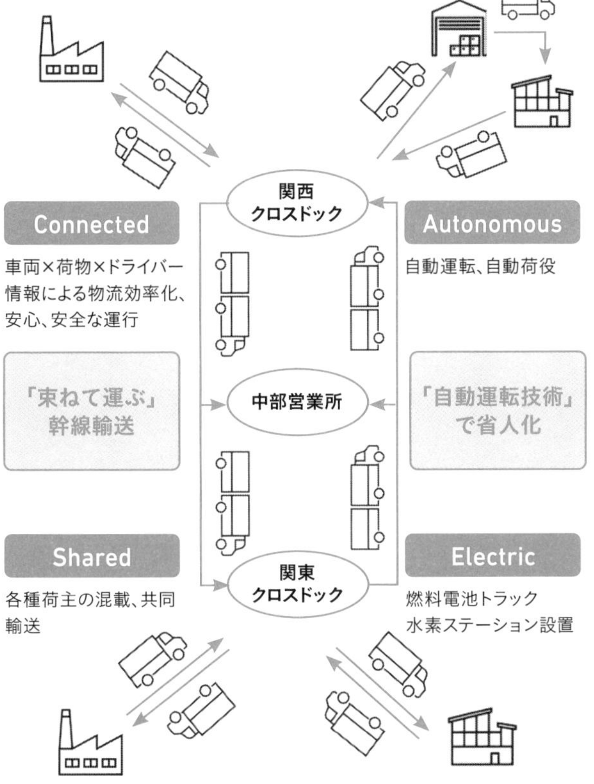

出所）NEXT Logistics Japan

第4章

変化する担い手、
増える「農業企業」

第4章　変化する担い手、増える「農業企業」

持続的な農業に向けたヒト・モノ・カネの見直し

過疎化が進んでいる山間農業地域の農業人口は、2015年からの30年間で半減するといった予想がなされ、農業を支える基盤である農地においても耕作放棄地が拡大するなど、日本の農林水産業はその活動を縮小させる方向に向かっている。

一方で、農業に新たな活路を見出し、同業界への参画を志す人や企業は後を絶たない。さらに食料安全保障の観点から、日本の農林水産業を維持する必要性も高まっている。

そのような中で、国としては就農人口を増やすため、女性や外国人の積極的な活躍や半農半Xなど新たな働き方を提唱するほか、農地法の改正や新規就農時の資材・農機具などに関する金銭的な支援にも乗り出している。

加えて、既存の農家・農村に対しても、認定農業事業者といった次世代リーダーの育成や集落営農での事業継続など様々な取り組みを進めている。

本章では、持続的な農林水産業に向けた取り組みを紹介しつつ、農業のさらなる発展に求められる取り組みについて紹介する。

Chapter. 4

取り扱いテーマ	背景となる事業環境の変化
農業総産出額	農業総産出額は、減少傾向にあるといわれているが、市場成長している品目も存在する。農業は衰退産業という誤った認識を改め、農業における成長分野に目を向けることが重要である。
基幹的農業従事者／農業女子プロジェクト／特定技能外国人／半農半X 民間農業参入／農地所有適格法人	農業は、人手のかかる産業であり、担い手の確保は、事業継続の根幹である。 担い手の減少要因の一つである都市部への人口流入は、都市生活コストの高止まりや自然との共生などを理由に減少傾向にあり、地方部での生活を志向する人も増えている。他にも所得安定のための離農については、民間参入による給与ベースでの農業継続といった対応が取られ始めている。
集落営農 認定農業者制度	農業は土地を活用するアセット型のビジネスであり、いかに地域の資源を有効活用し、生産性を高められるかが事業継続のポイントの一つである。 その点について、国では、農業集落といった形での資源活用の最大化や認定農業者制度を通じた計画的な農業経営の取り組み拡大を図っている。
耕作放棄地／農地バンク 農機シェアリング／産地リレー	農業アセットの活用最大化について、農家や地域の枠組みに閉じず、このこと自体をビジネス化しようとする取り組みが行われている。 農業アセットとして、大きなものは、農地・農機であり、それらにかかわるシェアリングなどが始まっている。
農業×クラウドファンディング 六次産業化・地産地消法	農業ビジネス自体をシェアする取り組みも進んでいる。一次産業と他産業の価値を組み合わせることで事業拡大を目指す六次産業化に加え、昨今では、消費者が直接的に農業ビジネスに参画することをサポートするクラウドファンディングが登場してきている。

32

農業総産出額

Gross Agricultural Production

Consultant View

経済成長と人口増が続いていた過去の日本社会においては、農業総産出額も右肩上がりだった。現在は、低成長・人口減の状況になり、単なる増産計画では低価格競争につながるだけである。

こうした日本の社会では、実需者のニーズに合わせた産品・産地作りの必要性が高まっているが、多段階の流通構造の中でニーズの把握は難しく、さらに転作も容易ではない。中長期的な視点を持ったビジネス創出とそれを支える農業経営者が求められている。

語句の解説

一次産業従事者の稲作や野菜栽培、果実栽培や畜産などの農業生産によって得られた農畜産物と、その農畜産物を原料として作られた加工農産物を販売した売上額を指す。

年次による多少の増減はあるものの、1960〜1970年代前半にかけては、前年比10%を超える増加率となる年もあった。1984年には、過去最高の11兆7,171億円に到達した。その後は、減少傾向が続いており、ここ数年はほぼ横ばいの数字となっている。

図4-1　農業総産出額推移

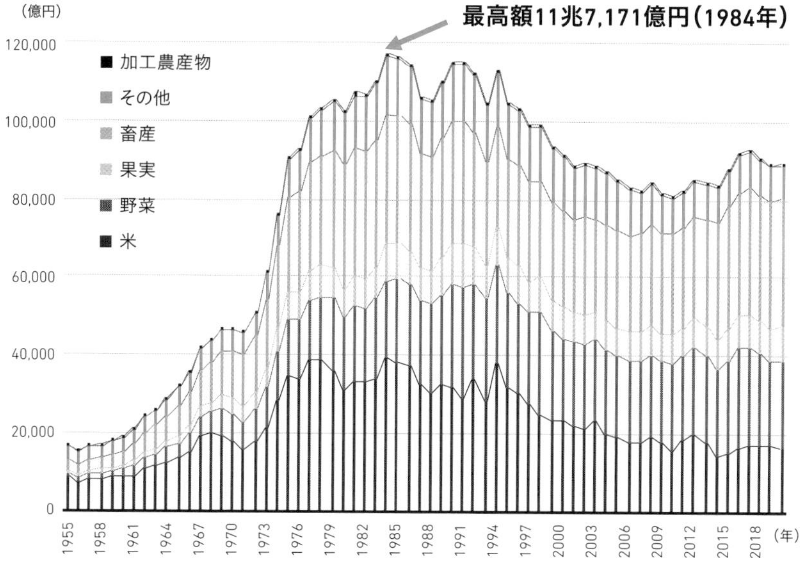

出所）農林水産省

図4-2　品目別の農業総産出額の状況

（単位：億円）

品目	2010年	2020年	2010年と2020年で見た傾向
農業総産出額	81,214	89,333	長期的に減少傾向が続いていたが、需要に応じた生産の取り組み等により、2015年以降は増加傾向で推移
米	15,517	16,433	主食用米の需要は減少傾向。生産数量の目安設定や作付転換の推奨を進めている
野菜	22,485	22,481	加工・業務用への国産野菜を求める実需者ニーズが高まりを受けて長期的には増加傾向にあると言われている
果実	7,497	8,741	簡便化志向等の消費者ニーズに対応した品目・品種への転換等が進む中で、付加価値増、結果としての市場拡大につながっている
畜産	25,525	32,372	節約志向、国産志向から豚肉・鶏肉の需要が増加。消費者ニーズに対応したサラダチキン等の需要が堅調

出所）農林水産省

飲食料の国内最終消費と農業総産出額

国内の農業総産出額は、2014年以降は横ばいもしくは増加傾向にあり、9兆円前後で推移している。一方で、飲食料品の最終消費額は増加のトレンドにあり、2015年は83.8兆円であった。国内で生産された農産品は最終消費者に届くまでの間で多くの付加価値が付けられ、その販売・消費金額が大きくなっていっている。

農家が出荷した以降に付加される事項としては、卸売市場までの輸送や市場での分荷、食品加工やパッケージング、さらに、小売での陳列や販売などがある。一次産業従事者の所得増の打ち手としてこれら業務までを担う形で、市場外流通として直接販売していくことが考えられ、従来より六次産業化と言われている。

しかしながら、今なお、国産青果物の多くは卸売市場を経由して食卓に届けられている。その理由として、市場を経由する場合の全量引受がある。全量引受は、価格を農家が決められないものの、売れ残りリスクの回避が可能である。

農家と実需者をつなぐ新たなプラットフォームの必要性

消費者の簡便化志向、また、核家族化の進展により、惣菜・カット野菜・冷凍野菜などの市場が拡大しており、実需者は、農産品の品質や大きさ、さらには収穫時期などを農家と調整することを望んでいる。ただ、マス向けの産品を主に取り扱う卸売市場経由の場合、このような対応が販売価格に反映されにくい。

実需者のニーズに対応するために、新たな取り組みに挑戦する生産者にとって、利益を享受しづらい卸売市場チャネルではなく、新たな販売チャネルが必要であるが、一農家では対応が難しく、業界をあげてのプラットフォーム整備が求められる。

図4-3 農林漁業及び関連産業を中心とした産業連関表（2015年）

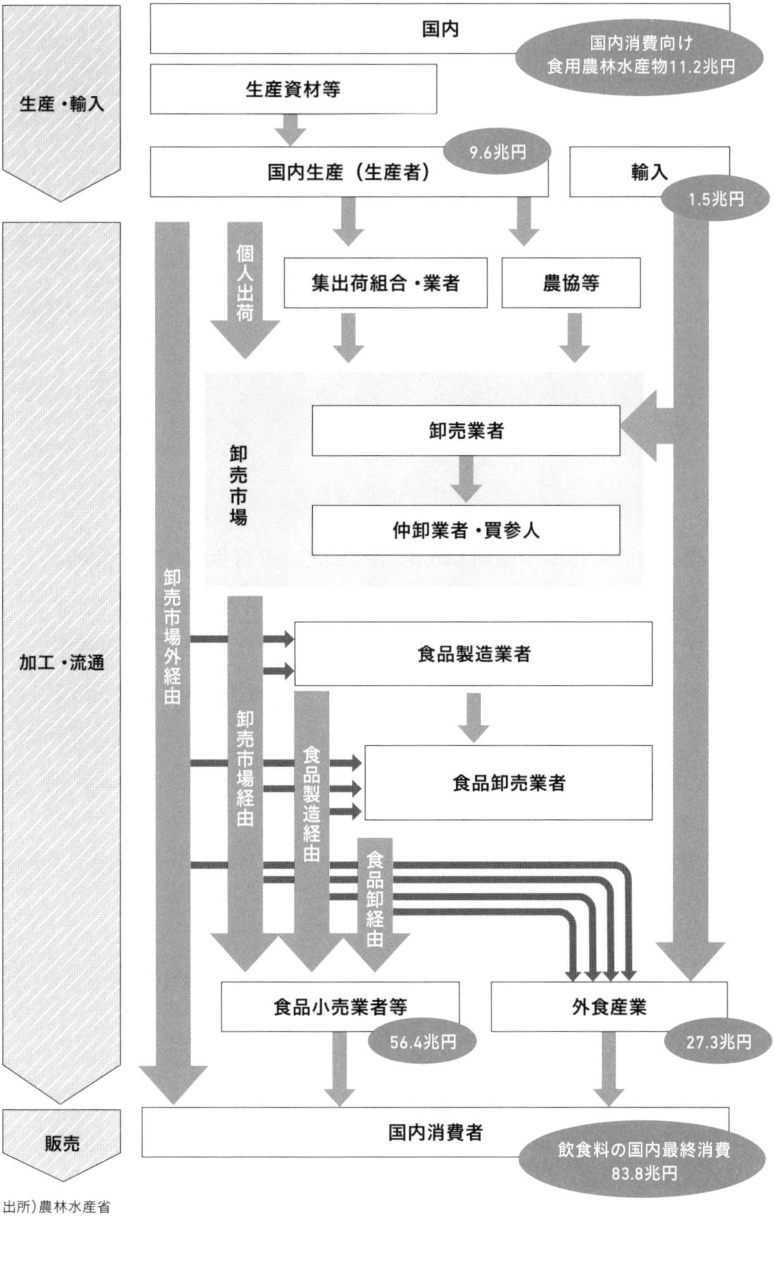

出所）農林水産省

33

基幹的農業従事者／農業女子プロジェクト／特定技能外国人／半農半 X

Core Agricultural Worker / Agricultural Girls / Specified Skilled Worker / Half Agriculture Half X

Consultant View

農業従事者は減少傾向であることに加え、平均年齢も上昇傾向にある。持続性が求められる農業には、農業従事者が増加トレンドを継続することが必要だが、他産業が取り組むように、性別・年代や人種、価値観の違いなどを踏まえたダイバーシティの観点が必要である。

語句の解説

基幹的農業従事者

農業就業人口のうち、普段の仕事が主に農業である者。家事や育児を行う主婦や学生などを含まない。

農業女子プロジェクト

農業に従事する女性が企業・教育機関などと連携して、女性の知恵を生かした新たな商品・サービスの開発や情報発信などを行う活動。

特定技能外国人

介護や外食業など、特定産業分野に関する知識や経験を必要とする技能を要する業務に従事する在留資格を有する外国人。農業は、特定技能1号による外国人の受け入れ分野となっている。

半農半X

農業と他の仕事を組み合わせた働き方。自分や家族向けに自給するための農業を行いつつ(半農)、もう片方で自分の好きなこと、やりたい仕事をする生き方(半X)。

図4-4 農家世帯員の農業労働力関係

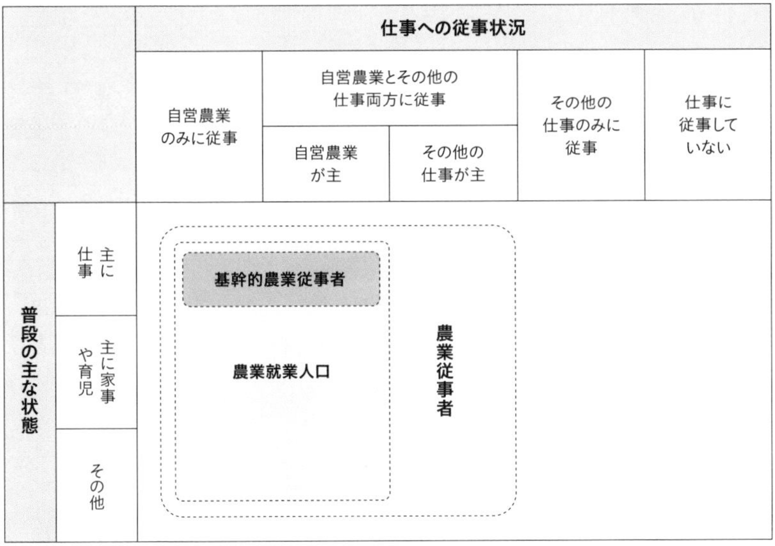

出所）NRI作成

図4-5 基幹的農業従事者の農業労働力に関する統計

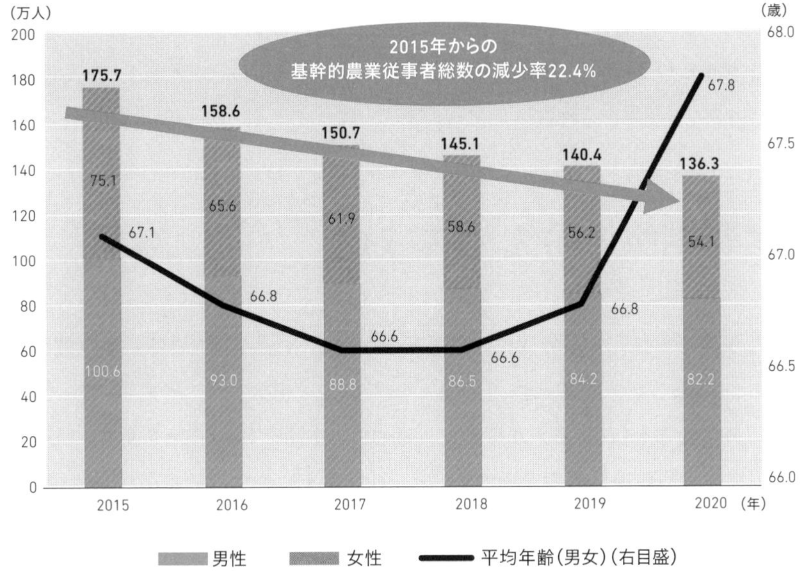

出所）農林水産省

農林水産業における女性進出

農林業センサス（2020年）によると、基幹的農業従事者136.3万人のうち、女性は54.1万人で約40％にあたる。想定より多いと思った読者もいるかもしれないが、農業以外で活躍する場面が増えたり、高齢に伴う離農が原因で毎年その割合は減り続けている。一方で、経営領域で女性の活躍が期待されている。消費者の安心・安全志向の高まりから、農産物を活用したビジネスが生まれ、女性が得意とする視点・アイデアが求められている。国としても子育てとの両立など女性に対する支援を検討している。

特定技能と技能実習の違い

深刻な農業人材不足の日本では、多くの外国人が農業に従事している。「特定技能制度」と「技能実習制度」は似て非なる制度で、母国への技術移転を目的とする技能実習に対し、2019年4月に新設された特定技能は日本の人手不足を補うことを目的としている。また、特定技能の特徴の一つに「受け入れ人数枠」がないことが挙げられる。

農業を利用した新たなライフスタイル

半農半Xは、1994年頃に塩見直紀氏が提唱した生き方である。兼業農家は、もともと農家の人が農業以外の収入を求めることを指すが、半農半Xは、農業以外の仕事をしている人が農業に人間らしい生活を求めることを指す。自治体も移住者や新規就農者を増やすため、補助金支給や営農指導員の派遣などの施策を講じている。例えば、島根県では、2010年より「半農半X支援事業」を開始し、2021年3月時点で79名が制度を活用して半農半Xを実践している。

図4-6 農業分野の外国人労働者数の推移

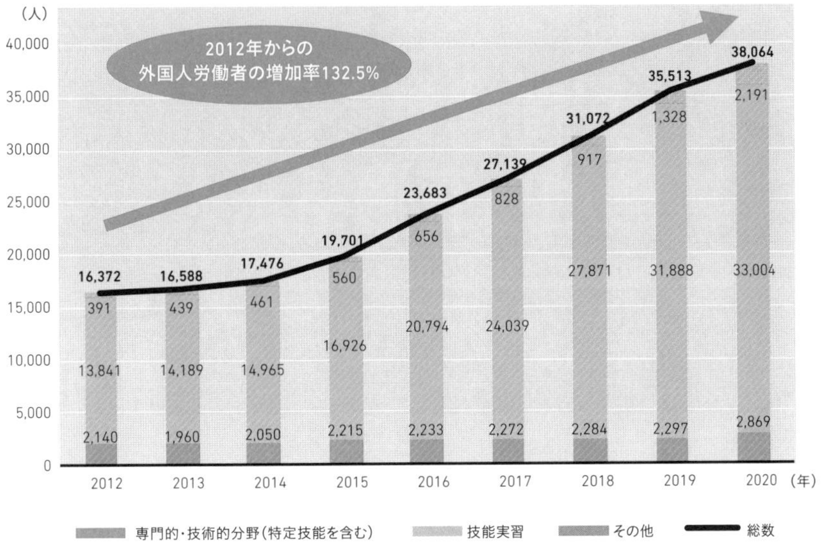

出所)農林水産省

図4-7 特定技能と技能実習の違い

項目	特定技能制度(特定技能1号)	技能実習制度
目的	就労	実習
在留期間	通算で最長5年	最長5年
従事可能な業務の範囲	耕種・畜産農業全般	施設園芸、畑作・野菜、果樹 養豚、養鶏、酪農(一部)
技能水準	農業技能測定試験合格	規定なし
日本語能力	国際交流基金日本語基礎テストもしくは日本語能力試験(N4以上)合格	規定なし
メリット	人数制限なし	長期間の関係性を構築できる 試験がないため人材の確保が容易
デメリット	候補者確保が難しい 早期退職の可能性がある	コストが高い 制約が多く、受け入れの自由度が低い

出所)厚生労働省

34

民間農業参入／農地所有適格法人

Entry to the Agriculture from Private Sector / Agricultural Production

Consultant View

家族経営が中心だった一次産業は、後継者の若者が都市部へ移住することで労働力が減少しており、地域全体が過疎化する中で、事業継続が難しい状況にある。

他方、内需を中心としている国内企業にとって、既存事業が市場飽和に直面する中で、新たな事業領域として、食を位置付ける企業が増加しており、多様な業界からの農業参入が進む。

他産業の資本を活用すべく、一次産業側は積極的な受け入れ姿勢が求められている。

語句の解説

民間農業参入

一般企業が農業へ参入すること。2009年の農地法の改正により規制が緩和され、参入法人数が増加している。既存事業と農業の組み合わせで生まれる相乗効果や地域への波及効果が期待されている。

農地所有適格法人

農業に関する法人を農業法人と呼び、組織形態として、会社法人と農業協同組合法に基づく農事組合法人に大別される。一方で、農業法人が農地を所有するためには、農地法に定める一定の要件を満たす必要があり、その要件を満たした法人を「農地所有適格法人」という。

図4-8 企業の農業参入のパターン

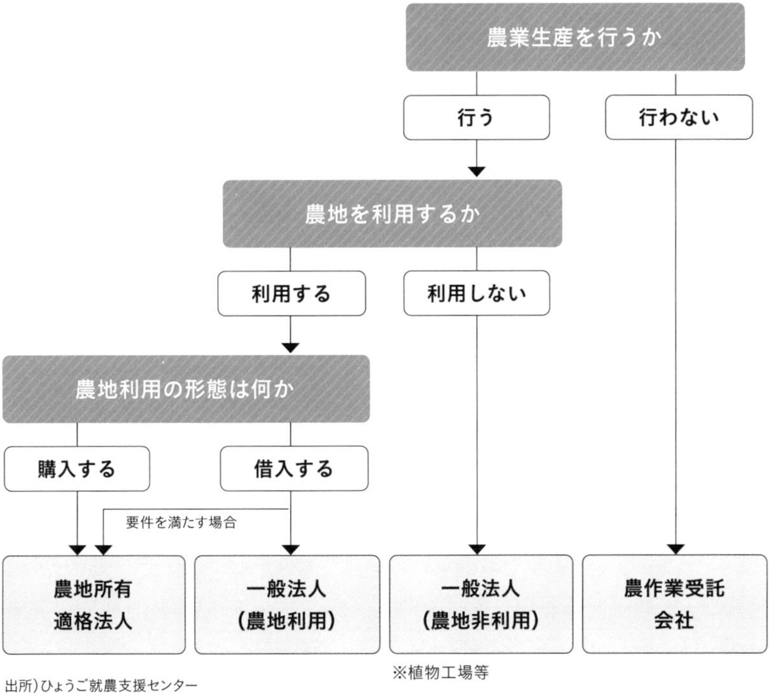

出所）ひょうご就農支援センター

図4-9 農地所有適格法人数の推移

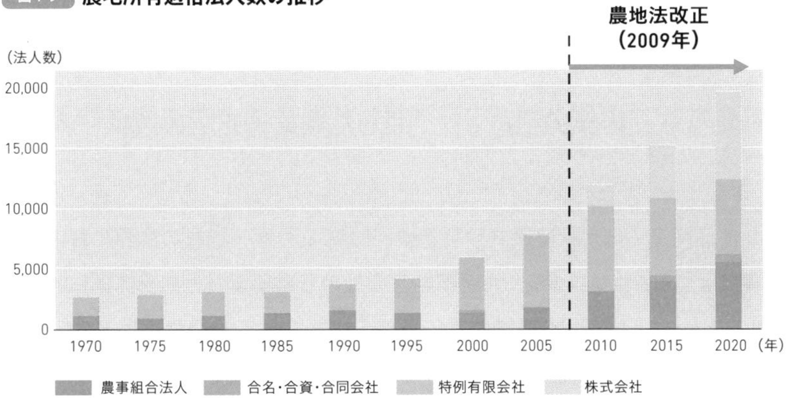

出所）農林水産省

安定供給を目的とした食品関連企業の農業参入

2009年の農地法改正により、農地のリース方式（＝貸借）が全面自由化された。農林水産省の調査によると、2019年12月末時点で農地を利用して農業経営を行うリース法人は3,669であり、年平均の参入法人数の伸びは、農地法改正前と比較して約5倍ペースに拡大した。農業に参入した企業の内訳を見てみると、農業・畜産業及び食関連企業が約半数を占める。本業の商品の付加価値向上や高騰する原材料の安定的な確保を目的とすることが多い。企業自らが農業に参入することにより、「食の安心・安全の確保」での効果も期待されている。

農業参入数の多い地域

リース方式での農業参入数の多い地域としては、2019年12月末時点で、関東（1,185法人）、中国・四国（607法人）、近畿（469法人）、九州（381法人）、東北（364法人）の順となっている。北海道や北陸、沖縄などの参入数は相対的に少なく、参入企業が自社の立地エリアに近い地域で参入を進めていることが想定される。

新たな収益事業の創造を目的にした異業種企業の農業参入

食品関連のほか、建設業や製造業、教育・医療・福祉の業界においても農業は注目されつつある。大手不動産会社の三井不動産と業務提携したワールドファームは全国10都道府県に農場を持ち、通年で野菜を栽培できる環境を整えている。生産だけでなく、加工までを一気通貫し付加価値を付けた商品を提供するほか、本業の不動産事業との新たなシナジーを生み出すため、都市部と生産地をつなぐことで街づくりも目指している。

図4-10 食品関連企業・異業種企業による農業参入の特徴

企業タイプ	食品関連企業	異業種企業
農業進出の目的	本業の強化	新たな収益事業の創造 本業ノウハウの活用 余剰資源の活用
ビジネスモデルのキーポイント	本業事業との垂直統合	本業ノウハウとのシナジー
顧客	既存顧客	新規顧客
農業ノウハウ	既に有するケースもあり	基本的には有しない

出所）日本総合研究所

図4-11 企業の農業参入に関する調査結果

<table>
<tr><th colspan="2">項目</th><th>食品製造業</th><th>食品卸売業</th><th>建設業</th></tr>
<tr><td colspan="2">準備期間</td><td>1年9か月</td><td>1年6か月</td><td>1年9か月</td></tr>
<tr><td rowspan="3">目的</td><td>1位</td><td>本業の付加価値化・差別化</td><td>原材料の安定的な確保</td><td>経営の多角化</td></tr>
<tr><td>2位</td><td>地域貢献</td><td>本業の付加価値化・差別化</td><td>人材の有効活用</td></tr>
<tr><td>3位</td><td>原材料の安定的な確保</td><td>地域貢献</td><td>地域貢献</td></tr>
<tr><td rowspan="3">参入時の課題</td><td>1位</td><td>農業技術の習得</td><td>農業技術の習得</td><td>販路開拓</td></tr>
<tr><td>2位</td><td>農地の確保</td><td rowspan="2">販路開拓
販売単価
農地の確保
労働力確保
（同率2位）</td><td>資金繰り</td></tr>
<tr><td>3位</td><td>販路の開拓</td><td>農業技術の習得</td></tr>
<tr><td rowspan="3">取組内容</td><td>1位</td><td>農地確保・土壌改良</td><td>施設等の整備</td><td>農地確保・土壌改良</td></tr>
<tr><td>2位</td><td rowspan="2">生産技術の習得
組織設立・認定手続
（同率2位）</td><td>農地の確保・土壌改良</td><td>生産技術の習得</td></tr>
<tr><td>3位</td><td>組織設立・認定手続</td><td>組織設立・認定手続</td></tr>
</table>

出所）日本政策金融公庫

35

集落営農

Village Farming

Consultant View

農業は、土地を活用する資本集約的な産業であり、不動産業や水道ガスと同じくアセット型ビジネスである。しかし、農業は他のアセット型ビジネスの業界に比べて資本生産性は低く、資産稼働率の向上が求められている。

“集落”でヒト・モノ・カネをシェアすることで土地の稼働率を向上させ、さらに”法人化”を通じて経営管理の水準を向上させていく取り組みが進んでいる。

語句の解説

農業集落を一つの単位とみなし、一定の合意のもとに農機、農業施設、農地などを共同利用しながら、集落の農業者が農業生産を助け合う活動のこと。

原則は、集落を構成するすべての農家が何らかの形で集落営農に参加していること。ただし、集落内のおおむね過半の農家が参加している場合も含まれる。

集落営農のメリットとしては、「農地利用の高度化」「地域全体としてのコスト削減」「担い手確保の柔軟性向上」などがある。

図4-12 集落営農数及び集落営農に占める法人の割合の推移

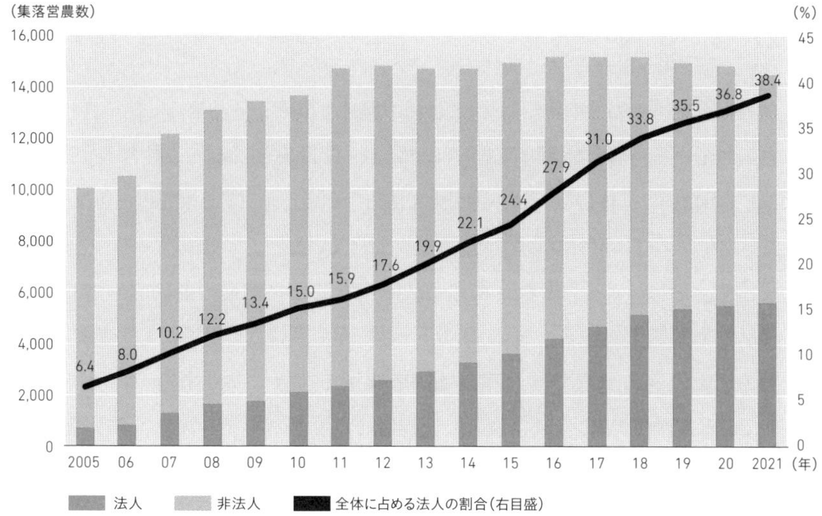

出所)農林水産省

図4-13 活動内容別集落営農数割合(2021年)

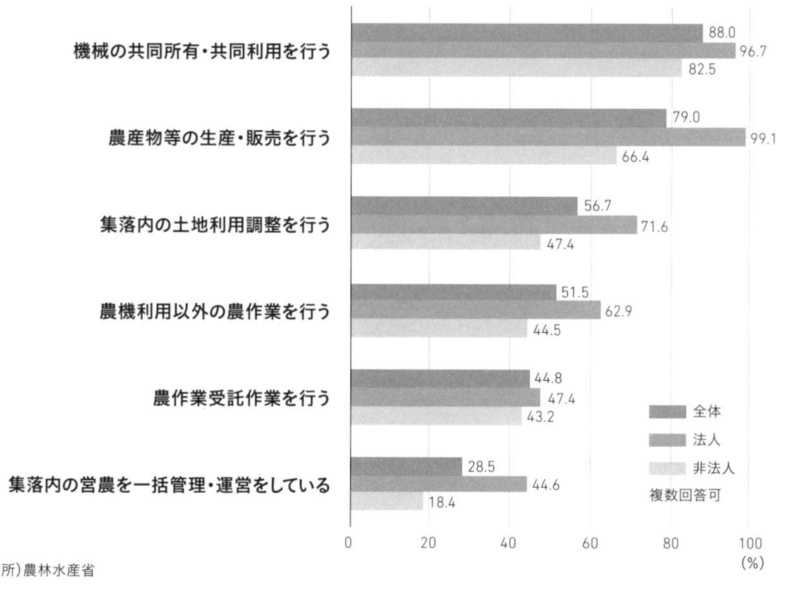

出所)農林水産省

集落営農の変遷

集落営農は1970年代半ば頃、地域の農地と技術を守るために結成されたと言われている。農林水産省の調査によると、集落営農数はここ数年1万5,000ほどで横ばいで推移している。内訳として法人の割合に着目すると、2005年は6.4%だったが、2021年には40%に迫るほどになっている。

国や自治体による必要な経費の助成制度も法人化促進の要因の一つではあるが、集落営農を法人化するメリットとして資金調達が挙げられる。集落営農での活動内容の調査では、9割を超える集落で農機の共同所有・利用が行われている。機械のメンテナンスなど、まとまった金額が必要な場合、法人化することで内部留保を蓄えたり、助成金・融資などを優位に受けることができる。

集落営農に引き続き期待される役割

農機の共同所有・利用以外の取り組みに着手できていない集落営農もいまだ多く、地域全体としての農地の見直しや地域としての農作業の共同化などを通じた地域農業の高度化が引き続き期待される領域といえる。

過去の取り組みとしては、高度経済成長に伴う労働力の流出を受けた共同田植え、米の生産調整を受けた転作支援などがあり、当時の社会情勢や社会課題に即した形で活動が行われてきた。現在の社会課題としては、高齢化社会や地方創生が想定され、高齢者でも農業が続けられる技術の導入や離農する農家の農地を束ねる形での大規模経営農家の育成支援、また、地域経済の視点で農業発での事業多角化などが期待される役割と想定される。

図4-14　集落営農組織の分類

	①共同利用・個人作業型	②共同利用・共同作業型	③共同利用・オペレーター型	④集落一農場型
管理主体	個人 → 組織			
作業	構成員が独自で実施	構成員が交代制や輪番制で請け負う	構成員のうち、オペレーターが実施	形態により様々なケースが存在
農地	個々の構成員で管理・保有			組織で一元管理・保有
事業内容	構成員が独自で実施	事業を拡大 → 転作受託　共同生産　生産の多角化　直売所運営　観光農業		
構成員	構成員が独自で手配	範囲を拡大 → 高齢小規模農家　大規模農家　女性後継者　非農家地区外住民		
農機・施設利用	構成員が組織から借りる	集落営農組織で一元管理		
組織形態	規模を拡大 → 非法人　農事組合法人　株式会社化			

出所）集落営農の変遷と展望（2013）、JA全中

36

認定農業者制度

Certification for Farmers

Consultant View

農業経営は、「美味しいもの・安心安全なものを作る」ことが基本であるものの、事業環境が変化する中で、「持続可能な農業」の実現向けて様々なリソースを効率的に利用することが求められている。

リソースや業務の見える化、また、事業計画の策定、さらにはPDCAサイクルの確立といった経営の視点が必要になり、それらを担う“経営者農家”の育成が進められている。

語句の解説

農業者が市町村の農業経営基盤強化促進基本構想に示された農業経営の目標に向けて、自らの創意工夫に基づき、経営の改善を進めようとする計画を市町村などが認定(複数市町村で農業を営む農業者が経営改善計画の認定を申請する場合は、営農区域に応じて都道府県または国が認定)し、これらの認定を受けた農業者に対して重点的に支援措置を行う制度。

2021年3月時点の認定農業者数は、22万7,444経営体であり、認定農業者のうち法人の数は、2万7,114法人となっている。

図4-15 認定農業者の申請フロー

農業経営改善計画の作成

以下の4つの観点で5年後の目標と取組内容を記載

①経営規模の拡大
②生産方式の合理化
③経営管理の合理化(コスト管理)
④農業従事の態様の改善(労働時間削減)

性別・年齢
経営規模・営農類型
によらず認定対象

市町村へ申請

※農業経営を営む区域が市町村もしくは都道府県の区域を超える場合は、それぞれ都道府県と国に申請する

認定

認定基準

①市町村の基本構想に適しているか
②農用地の効率的・総合的な利用に配慮しているか
③達成できる計画か

経営改善及び支援利用

分類	支援措置	支援内容
経営所得安定対策	畑作物の直接支払交付金 米・畑作物の収入減少影響緩和交付金	・麦、大豆等のコスト割れの補填 ・米、麦、大豆等の収入減少に対するセーフティーネット ※集落営農、認定新規就農者も対象
融資	農業経営基盤強化資金 (スーパーL資金)	・経営改善のための長期低利融資 ・貸付当初5年間の実質無利子化
税制	農業経営基盤強化準備金制度 (青色申告対象者のみ)	・経営所得安定対策等の交付金を積み立てた場合、積立金を必要経費に算入可(課税対象から外すことが可能)

5年後

再認定(計画の更新)

出所)農林水産省

農業施策の集中化・重点化

農林水産省が発表する「食料・農業・農村基本計画」には、農業の持続的な発展のために効率的かつ安定的な農業経営を育成することが重要だと記され、生産者一律の施策から経営改善への意欲がより高い生産者への資源の集中が進められている。

認定農業者制度が1993年に新設され、2010年頃まで認定農業者数は増加傾向にあったが、昨今は農業従事者が減少する中で、認定農業者数も横ばい・微減傾向にある。ただし、個人・法人、経営規模によらずに意欲があれば同制度に申請が可能であり、その中で法人の認定農業者数は増加傾向にある。

認定農業者の拡大には、後継ぎ問題もあわせて解決する必要がある。認定農業者となったのち、5年後に再認定を受ける必要があるが、当該の農業者自身が高齢化し、その後の5年の農業の見通しが立たず、再認定の申請を辞退する生産者も増えている。

認定新規就農者制度

農業従事者が高齢化する中で、世代間バランスの取れた構造とするために新規就農者に向けた取り組みも行われている。認定新規就農者制度は、就農時に苦労しがちな資金面を中心にサポートを行う。認定農業者制度と比較して農業経営経験や年間農業所得の条件が緩和されており、効率的かつ安定的な農業経営を支援する。2020年度には約1万2,000の経営体がこの制度を利用した。一方、新規就農者の離農率は30%近いという結果もある。新規就農者の多様化が進む中、いかに支援を行き届かせるかが担い手定着のポイントだ。

図4-16 **認定農業者と認定新規就農者の違い**

	認定農業者	認定新規就農者
目的	意欲ある農業者の自らの農業経営の計画的な改善を支援する	新規就農者が、将来において効率的かつ安定的な農業経営の担い手として発展できるように支援する
申請書類	**農業経営改善計画**	**青年等就農計画**
認定基準	① 市町村基本構想に照らして適切な計画であること （金額・時間は一例） 年間農業所得**550万円以上** 年間労働時間1,800時間～2,000時間以内等 ② 計画が農用地の効率的かつ総合的な利用を図るために適切であること ③ 計画達成の見込みが確実であること	①市町村基本構想に照らして適切な計画であること （金額・時間は一例） 年間農業所得**250万円以上** 年間労働時間 1,800時間～2,000時間以内等 ② 計画が農用地の効率的かつ総合的な利用を図るために適切であること ③ 計画達成の見込みが確実であること
対象者	・農業経営改善計画認定申請書を作成し、適切な内容であれば、年齢や性別、法人・個人も問わない ・新規就農を目指す非農家や兼業農家も対象	・青年（原則18歳以上45歳未満） ・特定の知識・技能を有する中高年齢者（65歳未満） ・上述の者が役員の過半数を占める法人 ・農業経営経験が5年以下の場合も申請可能 ・認定農業者（左述）は対象外
主な施策	・低金利資金の融資 ・各種補助事業の活用 ・農政に関する情報提供	・農営開始資金交付 ・無利子貸付 ・経営所得安定対策の支援金交付

出所）農林水産省

37

耕作放棄地 / 農地バンク

Abandoned Farmland

Consultant View

農業生産の基本となる耕地面積は減少する一方で、圃場の大規模化が求められている。点在する耕作放棄地をいかに効率的に運用できるかは、個々の農家の視点だけではなく、地域、国といった大きな視野の中で取り組む必要がある。

語句の解説

耕作放棄地

以前農地であったもので、過去1年以上作物を栽培せず、しかもこの数年の間に再び耕作する考えのない土地のこと。類似する用語に「遊休農地」「荒廃農地」があるが、厳密には定義が異なるため、使用に際して注意が必要である。

耕作放棄地の拡大は、国内の食料供給力の低下、虫や鳥獣による農作物への被害の増加、地すべり等の防災能力の低下、ごみの不法投棄の増大などにつながるおそれがあり、問題視されている。

農地バンク

2014年に全都道府県に設置された「信頼できる農地の中間的受け皿」のこと。正式名称は「農地中間管理機構」。農地集積・集約化と農地の確保を目的に、農地を貸したい人と借りたい人をマッチングする仕組みを運営する。

図4-17 農地に関連する用語の定義

市町村・農業委員会調査	
毎年の現地調査による客観ベースの判断	
農地（耕地）	耕作の目的に供される土地
遊休農地	現在または将来的に耕作の見込みがない農地
2号 遊休農地	農業上の利用程度が周辺地域の農地に比べて著しく劣っている農地
I号 遊休農	草刈り等では直ちに耕作できず、基盤整備事業の実施等が必要な農地
再生利用が困難な農地	農地に復元する物理条件が厳しい（森林等）or 復元しても継続利用が困難なもの
荒廃農地	現に耕作に供されておらず、耕作の放棄により荒廃し、通常の農作業では作物の栽培が客観的に不可能となっている土地

農林業センサス	
5年毎の調査票による主観ベースの判断	
耕作放棄地	以前耕作していた土地で、過去I年以上作物を作付け（栽培）せず、この数年の間に再び作付け（栽培）する意思のない土地

出所）農林水産省資料よりNRI作成

図4-18 耕作放棄地の面積の推移

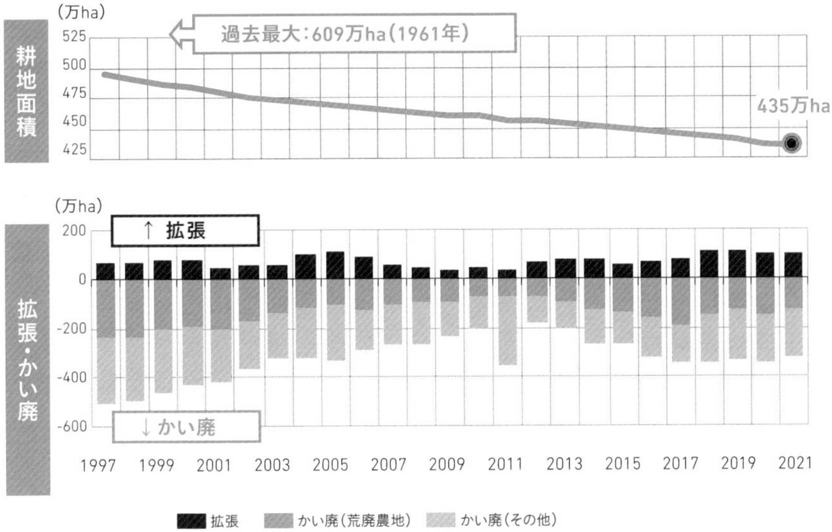

「かい廃」は自然災害、転用、荒廃農地等による耕地面積の減少分を示す

出所）農林水産省

耕作放棄地対策として求められる新たな農地利用者

農家の高齢化や労働力不足による生産規模の縮小や離農の進行、またそれに伴い条件の悪い農地から耕作が取りやめられていることに起因して、1980年より耕作放棄地は拡大傾向にある。2015年時点で42.3万haと、耕地全体の約1割にまで広がってきている。

このような状況に対して、政府は1970年代から耕作放棄地対策に着手している。1997年の農業経営基盤強化促進法の改正以降、地域の農業の担い手に農地利用を集約することに主眼が置かれ、①強い担い手の創出(先進技術導入の支援、企業参入の円滑化等)、②利用集積の促進(農地のリース方式の導入、農地中間管理機構の設置等)、③農地転用方法の開発(市民農園・放牧地・人工林の整備等)にかかわる様々な施策が採られている。

農地バンクは耕作放棄地の問題を解消できるか

2014年に始まった農地中間管理機構(農地バンク)の設置は、耕作放棄地対策における重要施策の一つである。農地バンクは、貸し手から借り受けた農地をまとまった形で借り手に転貸する機関であり、公的機関によるマッチングという信頼感を強みに、農地の利用集約を推進する。

しかし施行5年後の見直しで掲げられた「全耕地に占める担い手の利用面積シェア80%」という2023年目標に対し、2020年度末の実績は58%と進んでいない。集約に向けた主な障壁の一つに貸し手の心理的な抵抗感が挙げられており、対策として2020年に法改正が実施された。今後は地域の関係者と農地バンクが連携を強めて取り組むことにより、さらなる農地の利用集約推進が期待されている。

図4-19 農地バンクの仕組み（イメージ）

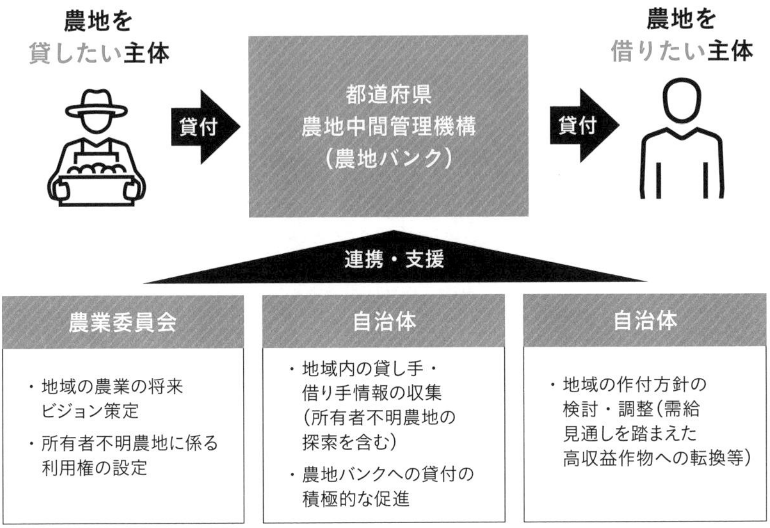

出所）農林水産省資料よりNRI作成

図4-20 農地バンクによる土地集約への貢献

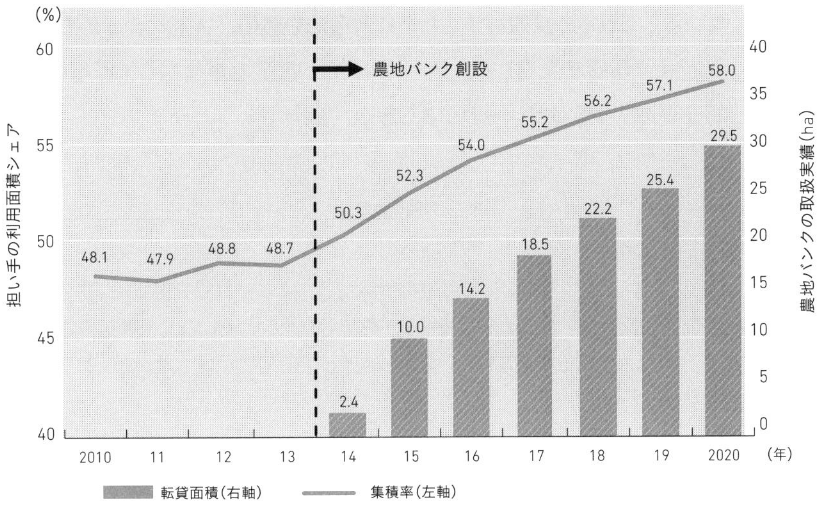

出所）農林水産省

38

農機シェアリング／産地リレー

Sharing of Agricultural Machinery / Relay of Production District

Consultant View

農業を行うためには土地以外にも従業員や農機など経営を支えるアセットが必要である。しかし農業は年一度の収穫であることが多いため、従業員の業務量の繁閑差が激しく、農機の稼働率も低い。一方で需要側は安定供給を期待しており、生産と需要にギャップが生じている。これらの課題解決のために、産地や農機、人材のシェアリングが様々な形で登場してきている。また、各産地が連携し、周年供給を達成する産地リレーの動きもある。

語句の解説

農機シェアリング

農機の保有者が、その農機を利用希望者に貸すことで対価を得るビジネス。もともと産地内の複数生産者による共同所有、農協等によるレンタルという事業形態であったが、近年はオンラインでのマッチングを活用した産地内に閉じないシェアリングが成立し始めている。

産地リレー

ある農産品について、南北に細長く立地する日本の地形・気候を利用し、旬となる時期と場所をずらして生産すること。生産地リレーともいう。

図4-21 代表的な農機と価格（価格は調査時点における売れ筋製品の新品価格を表記）

出所）農機メーカー各社ウェブサイトよりNRI作成

※たまねぎを想定

図4-22 産地リレーの例（キャベツ、レタスの場合）

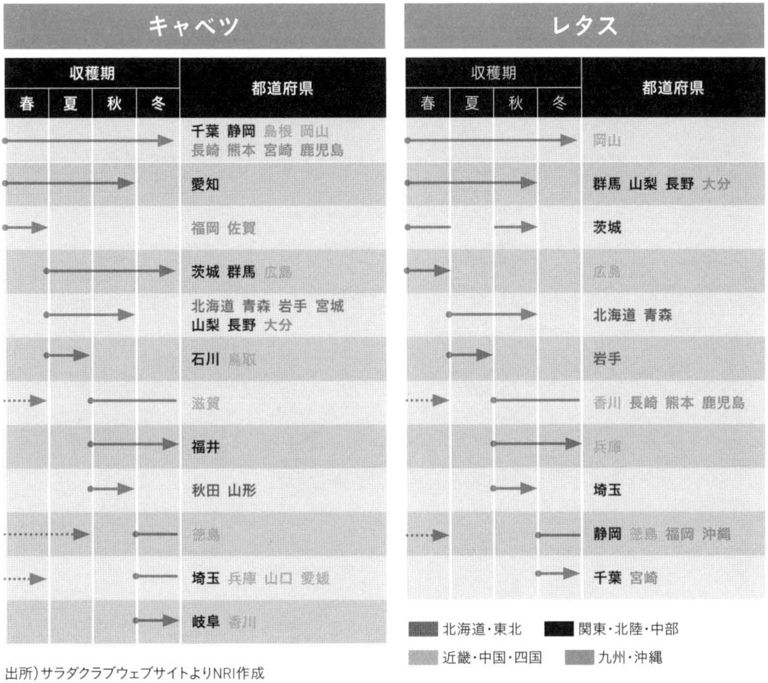

出所）サラダクラブウェブサイトよりNRI作成

生産者にとって手を出しづらい農機

日本の農業の生産性は低いと言われているが、その一因として農機の購入のしにくさが挙げられる。農機の種類によっても異なるが、日本は諸外国に比べて農機の価格が高くなっている。この原因は丈夫で長持ちする設計、多種多様な機能の搭載というメーカー側の要因と、生産規模が小さい、圃場が規格化されていないといった生産者側の要因がある。

さらに農家としても、高齢化、事業承継に不安がある中で、あえて農機の購入へ踏み切りづらい状況にある。ただし、同じ産地内で農機をレンタルしようにも、作業の時期が重なってしまえば農機の取り合いになるおそれがあり、利便性に難がある。

産地を超えたシェアリングによる農機のフル活用

上述のような状況の中で、産地を超えた農機シェアリングに注目が集まっている。JA三井リースは2012年に「農機シェアリース」というサービスを開始し、収穫時期が重ならない地域にいる複数の農家でのコンバインの共同利用をサポートしている。また2021年には農機メーカーであるクボタが一部地域にてトラクターをシェアする「農機シェアリングサービス」を開始しており、取り組みが広がりつつある。

海外では、ある生産者が保有するトラクターの空き状況を他の生産者がオンラインで確認・利用予約可能な「Hello Tractor」というサービスの利用が拡大しており、ビジネスとしての可能性に期待が寄せられている。

図4-23 農機シェアリングサービス事例①:JA三井リース

- 同社は「スマート農業実証プロジェクト」に参画し、産地リレーと連動してスマート農機も産地にリレー方式でリースする事業を構想している。
- 実証プロジェクトの1つにおいて、加工・業務用野菜サプライチェーンの最適モデル構築を目的とした、キャベツ・玉ねぎの機械化栽培技術体系と産地リレーと連動したスマート農機の広域シェアリングによる低コスト技術体系の実証に取り組む。具体的には埼玉県上里町、愛知県豊橋市、長野県御代田町・松川村の3県で、タマネギとキャベツの2品目で実証し、5農場が連携。スマート農機としては、キャベツの自動収穫機を取り扱っている。

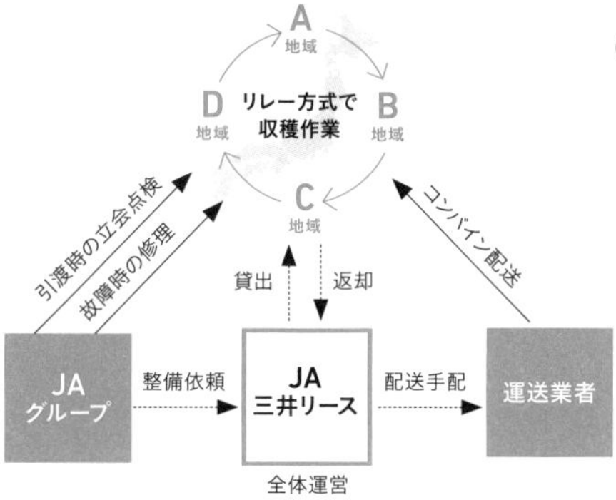

出所）JA三井リースホームページ

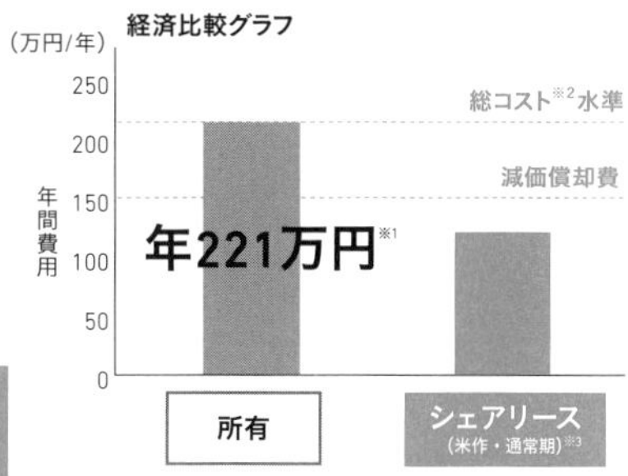

※1 総コスト＝減価償却費＋整備費＋保険料等
※2 取得価格1,200万円、更新期間7年、整備費50万円/年を前提とした試算値
※3 貸出期間は20日間を想定

図4-24 農機シェアリングサービス事例②:Hello Tractor

- ナイジェリア等のアフリカ地域で小規模農家向けの農機リースを展開する「トラクター版Uber」。
- 小規模農家にとって高価なトラクターは手が届かず、手作業により生産性が低くなってしまう。一方で農機を保有するオーナーも貸出するシステムがなかった。
- Hello Tractorは、専用アプリにてトラクターが必要な農業従事者とトラクターオーナーをつなぐシステムで、農業従事者がトラクターをリクエストすると、空いている近くのトラクターに情報が届き、トラクターの貸し出しが可能となる（稼働管理や盗難防止のため、トラクターにはGPSが付けられ管理されている）。

出所）Hello Tractorホームページ

39

農業×クラウドファンディング

Crowd Funding for Agriculture

Consultant View

都市化が進み、生産と消費には物理的な距離が生まれている。そして、多段階の流通構造は、結果として、農業現場の状況を消費者に伝えにくくしている。他方、自然環境の維持や自然との共生が社会トレンドになる中で、物理的な労働力ではない形で農業への参画を可能にしたサービスとしてクラウドファンディングが登場した。

語句の解説

資金融通の仕組みの一種。資金需要を持つ企業・個人が、インターネットを介して広範な資金提供者とつながり、多数から少額の資金を集める資金調達手法で、「クラウド」(Crowd＝群集)と「ファンディング」(Funding＝資金調達)を組み合わせた造語。

一口にクラウドファンディングと言っても調達条件によって種類が分かれており、現在は、「寄付型」「購入型」が多い。インターネット上での決済やコミュニケーションの浸透が下地となり、2000年代後半にアメリカで普及し始めた。

国内の農業分野では、2013年頃からワイン生産者による新商品開発や、ねぎ生産者による農機購入などにおいてクラウドファンディングが活用され始め、生産者の中に徐々に浸透しつつある。

図4-25 クラウドファンディングの類型

		概要
寄付型		社会貢献を主な目的として、公共性・社会性の高い活動に対して、出資者へのリターンが基本的にはない形で、資金提供を行うもの
購入型		商品やサービスの開発や製造・販売活動に対して、資金提供を行うもの。資金提供者側は、当該活動で提供される商品やサービスをリターンとして得ることが多い
融資型		クラウドファンディング会社が組成する匿名組合契約に対して、資金提供を行い、利子をリターンとして得るもの。ソーシャルレンディングとも呼ばれる
投資型	ファンド型	クラウドファンディング会社が組成する匿名組合契約に対して、資金提供を行い、事業収益をリターンとして得るもの
	株式型	クラウドファンディング会社を通じて、非上場株・未公開株の購入を行い、配当やキャピタルゲインを得るもの

出所）各種公開資料よりNRI作成

図4-26 クラウドファンディング事業者の例

事業者	サイト・サービス名
朝日新聞社	A-port
マクアケ	Makuake
ワンモア	GREEN FUNDING
CAMPFIRE	CAMPFIRE、BOOSTER
MotionGallery	MOTION GALLERY
Relic	ENjiNE
Wicrep	Moonshot
きびだんご	Kibidango
全日本空輸	WonderFLY
全農 EC ソリューションズ	AGRISSIVE!
ミュージックセキュリティーズ	セキュリテ
READYFOR	READYFOR

出所）各種公開資料よりNRI作成

農業におけるクラウドファンディングの活用は広がりつつある

日本にある様々なクラウドファンディングサイトにおいて、「#農業」をハッシュタグとするプロジェクトが多数掲載されている。その主体・内容・金額も、例えば、地元野菜のブランド化の支援を呼びかける生産者のプロジェクトがある一方で、地域商社による牛肉文化発信に寄付を求めるプロジェクトがあり、また大学発ベンチャーが獣害対策の技術開発への資金提供を求めていたりと、バラエティに富んでいる。

日本でクラウドファンディングが広がるきっかけとなったのは、東日本大震災であると言われている。地震や津波に被災した家屋の復旧にあたり、全国各地からクラウドファンディングを通じて資金が集まった。加えて、政府による地方創生の推進においても、その資金源の一つとしてクラウドファンディングは存在感を発揮しており、地方自治体や金融機関も積極的に活用を提案しながら信用を獲得している。

農業とクラウドファンディングはとても相性が良い

農業生産者にとってクラウドファンディングを上手に活用すれば、農産品を幅広い消費者に宣伝し、販売するチャネルとして、またチャレンジングな取り組みを進めるうえでの資金調達チャネルとしての使い方ができる。もちろんその両方として活用することも可能である。

すでにクラウドファンディングは多くの農業生産者にとって十分に有用な経営手法の一つとなりつつあり、成長に向けた積極的な活用が求められている。

図4-27 行政と連携した食のクラウドファンディング活動（農林水産省：地域食品産業連携プロジェクト（LFP））

地域の農林水産物を活用した持続的なローカルフードビジネスの創出を目指す取り組み。2021年度に、クラウドファンディングをテストマーケティングと位置付けて活動スタート

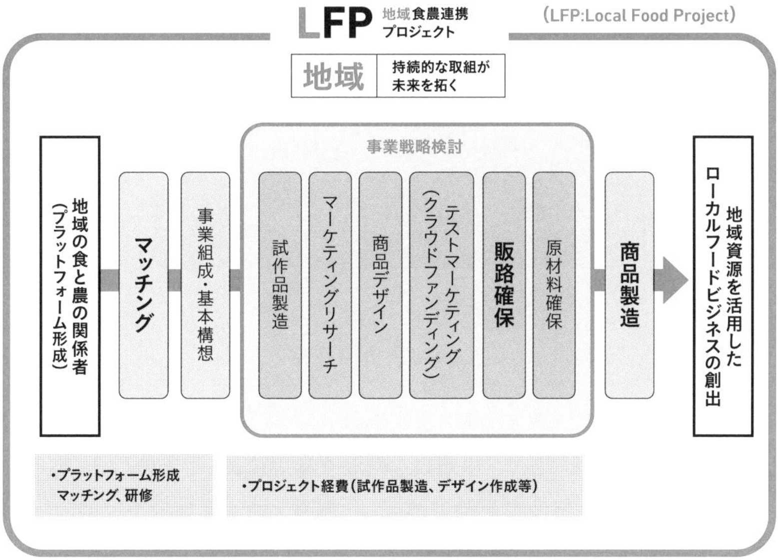

同活動を通じて、以下のクラウドファンディングプロジェクトが組成された

プロジェクト名
● 【ママ考案】大切なひとに食べさせたい栄養満点スープ！
● 植物由来の素材だけで作った、やさしい味わいのサクサク食感「オリーブクッキー」
● 生産者が本気で開発！えのきをふんだんに使った新ジャンルの代替肉「エノキート」
● 3種のおつまみ芋けんぴと芋焼酎で“よか晩”を～さつま芋産業を百年先まで守りたい～
● ふじのくに FUDO 特別創刊号　静岡 LFP セット【静岡野菜 + ミネストローネ】
● 簡単調理！ 綾町×タマチャンショップが贈る～オーガニック野菜乾燥ミックス「ベジ畑」

出所）農林水産省、Makuake

40

六次産業化・地産地消法

Act on Sixtiary Industry and Local Consumption

Consultant View

六次産業化(一次×二次×三次産業)における二次・三次産業は大規模化が進んでおり、小規模な農業従事者による参入のハードルは高い。ただ、観光農園や道の駅など農業×地域産業といった切り口は、成長余地があると見込まれる。地域資源としての農業に着目したビジネスが求められる。

語句の解説

六次産業化

農業を一次産業としてだけではなく、加工などの二次産業、さらにはサービスや販売などの三次産業まで含め、一次から三次まで一体化した産業として農業の可能性を広げようとするもの。

六次産業化・地産地消法

「地域資源を活用した農林漁業者等による新事業の創出等及び地域の農林水産物の利用促進に関する法律」の通称。2010年12月3日に公布、2011年3月1日に施行された。以下の2つの施策を総合的に推進することにより、農林漁業の振興などを図るとともに、食料自給率の向上などに寄与することを目指している。

①農林漁業者による加工・販売への進出などの六次産業化

②地域の農林水産物の利用を促進する地産地消

図4-28 六次産業化・地産地消法

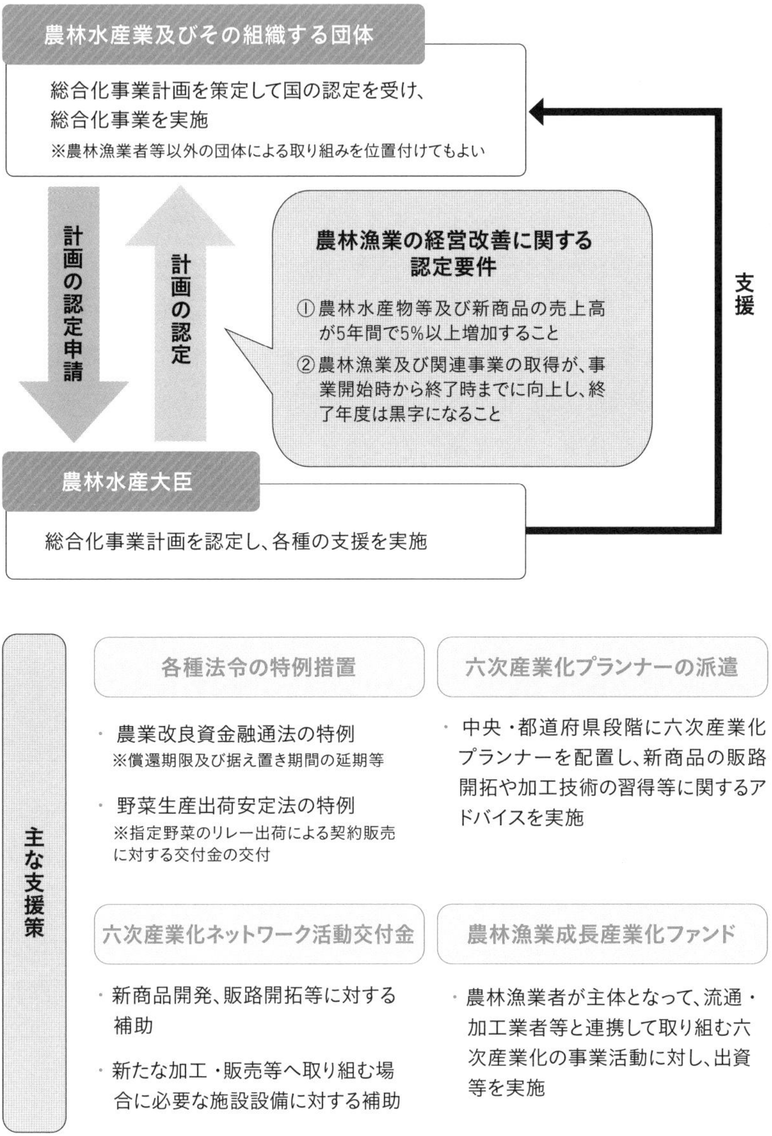

出所）農林水産省

農作物の生産以外で所得を伸ばす

これまで日本の農業は農作物を生産し、それらを販売することで所得を得てきた。しかし、国内の人口減少やライフスタイルの変化による簡便化志向により、単なる販売だけでは所得が減少するようになった。そこで、加工や販売までを行うことで農作物の付加価値を高める「六次産業化」の取り組みが拡大している。

一方で、農作物生産のプロである生産者は加工や販売のスキルを持っているわけではない。そのような生産者を六次産業化・地産地消法は支援する。自らが生産する農林水産物を用いた新商品開発や販路拡大、もしくは販売・生産方式の改善を行う総合化事業を策定し、国の認定を受けることで、補助金の支給や特例の適用、六次産業化プランナーと呼ばれる民間の専門家からのサポートを受けることができる。

「六次産業化=加工・直売」だけではない

六次産業化の販売経路は図4-29のように分類できる。事業内容の傾向を見ると、7割近くの生産者が加工・直売に取り組んでいるが、輸出やレストランなどにも取り組む生産者は圧倒的に少ない。農林水産省が発表した農業生産関連事業による年間総販売金額2兆773億円(2019年度)のうち、約半数の50.7%を農産物直売所での売上が占め、農産加工での売上(45.6%)と合わせると全体の9割以上を占めている。六次産業化の手段として加工や直売は広く浸透しているが、地域の雇用確保と所得向上に向けては、複数の事業形態を検討し、地域資源を有効活用することが重要である。

図4-29 六次産業化の形態ごとの取組事例

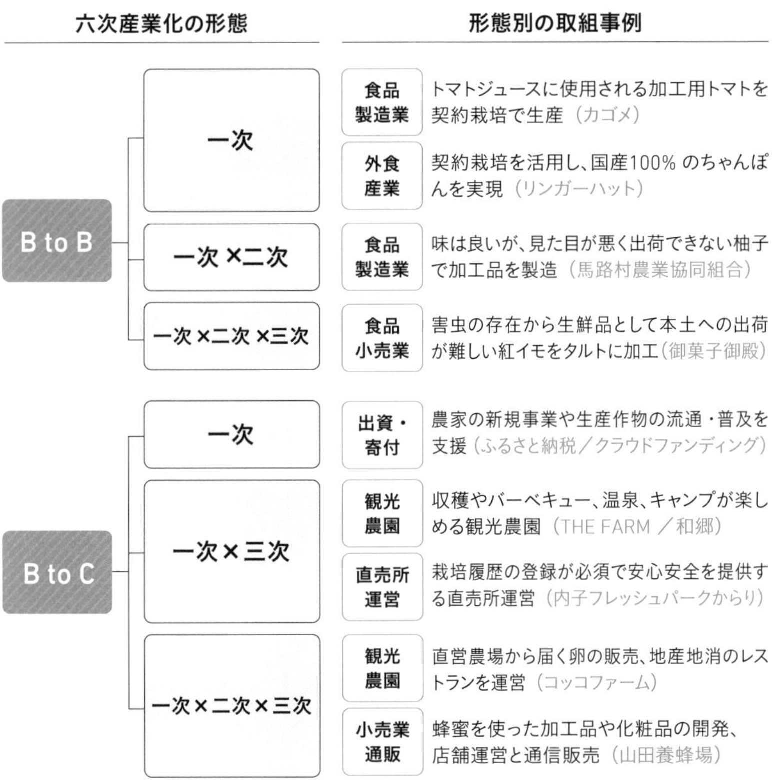

出所）各種公開資料よりNRI作成

図4-30 総合化事業計画の事業内容の割合（2022年2月末）

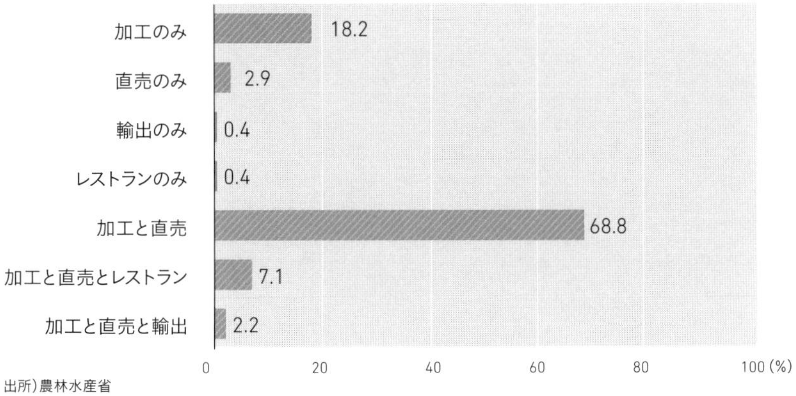

出所）農林水産省

第5章

海外産品に押される国内産品

第5章　海外産品に押される国内産品

豊かで安全な食環境に向けた調達ポートフォリオの見直し

現在の日本では多くの人が美味しく、健康的で、多様性に富んだ食事を手軽かつ安価に入手できる環境が整っている。近年は海外からの注目も高まり、大勢の外国人観光客が日本の食を目当てに訪問しているほどである。

一方で、供給される食料に着目すると、その多くが海外からの輸入品に支えられている。そして、国内食料自給率は低下傾向にあり、その主な原因として、第一に海外産品の安さ、第二に日本の農業・漁業の生産力の低下が挙げられている。

国内自給率の低下は、海外での農業や食品の生産が直接日本国内の食生活に影響を与えることを意味する。昨今、世界中で干ばつや火災などが増加し、さらには国際紛争なども発生している。今までのような海外に依存した調達体制の是非が問われ始めている。

これまで政府は、長年にわたり食料自給率の向上に取り組んできたが、第二次安倍政権の経済再生戦略（アベノミクス）以降、輸入障壁によって海外産品の流入をブロックするよりも、農業・漁業の国際競争力向上を促進することに力点を置いた政策へと軸足をシフトしてきている。

本章では、食料自給率に関連する近年の動向を踏まえつつ、日本政府が推進する各種政策の内容を紹介する。

Chapter. 5

<table>
<tr><th>取り扱いテーマ</th><th>背景となる事業環境の変化</th></tr>
<tr><td>食料安全保障</td><td rowspan="3">国内における食料自給率の低下が問題視されていたところに、近年の世界的な人口増加、気候変動や国際情勢の変化にともなう生産減少など、日本における食料の安定確保に対してのマイナス影響が強まりつつあり、社会的な不安が高まっている。</td></tr>
<tr><td>世界の人口爆発と
国内の人口減少</td></tr>
<tr><td>食糧危機</td></tr>
<tr><td>FTA／EPA／TPP</td><td rowspan="2">あらゆる国にとって食料確保は不可欠であり、自国の生産力強化と輸出入拡大のバランスの見極めと、それを踏まえた国際協定の締結は、重要かつ複雑な政策上の意思決定と言える。特にTPPへの参画については、農業への影響の多寡もあわせて幅広い議論を呼んだ。</td></tr>
<tr><td>漁業協定</td></tr>
<tr><td>攻めの農林水産業</td><td rowspan="2">アベノミクス以降、日本の農業政策は「保護」から「成長」を重視するスタンスへと転換しつつある。国内外の市場を視野に入れた競争力の強化、生産基盤となる農地や生産者の維持・確保に力点を置いた政策が急ピッチで進められている。</td></tr>
<tr><td>食料・農業・農村基本計画</td></tr>
</table>

41

食料安全保障

Food Security

Consultant View

食産業は、一時も欠かさず、人が生きていくためにその胃袋を満たす供給をし続けなければならない重要な産業である。一次・二次・三次産業の分業化が世界中で進み、さらに、日本国内の自給率が40%に留まる中で、食料安全保障の重要性は高まっている。グローバルな目線から、食の持続可能なサプライチェーンを構築することが欠かせない。

語句の解説

すべての人が、活動的で健康的な生活を送るために、十分かつ安全で、さらに栄養ある食料を、物理的・社会的・経済的にも入手可能な状況としておくこと。また、食生活上のニーズと嗜好を満たすことが含まれる場合もある。

1999年制定の「食料・農業・農村基本法」において、食料安全保障の確立・維持が政府の基本的な責務としてうたわれており、国内外の生産量・価格動向を把握し、食料の増産を進めるほか、緊急時において食品関連産業との積極的な連携をはかるものとされている。また、2020年策定の「食料・農業・農村基本計画」では、自給率目標をカロリーベースで45%、生産額ベースで75%に高める目標を掲げている。

図5-1 日本の食料自給率の推移

総合食料自給率：特定の品目に限定せず、食料全体における自給率を示す指標

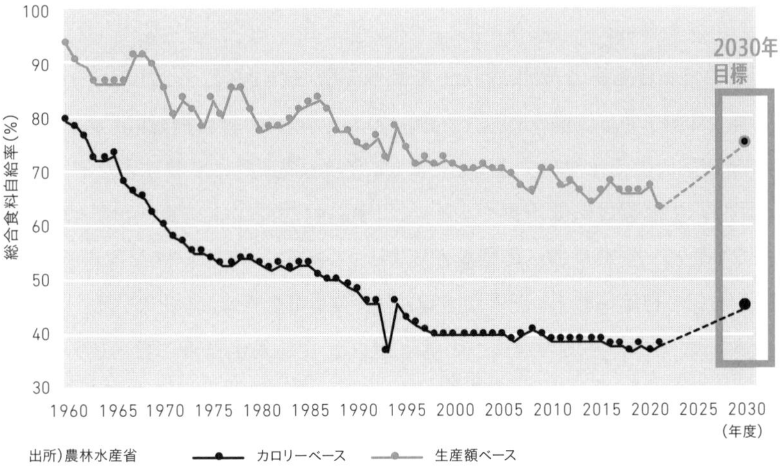

出所）農林水産省

図5-2 食料安全保障のリスク要因

	国内	海外
一次的・短期的に発生するリスク	(生) 大規模自然災害や異常気象 (生) 家畜・水産動物の伝染性疾病や植物病害虫 (生)(流) 新たな感染症 (生) 食品の安全に関する事件・事故 (流) 食品等サプライチェーンの寸断	(生) 大規模自然災害や異常気象 (生) 家畜・水産動物の伝染性疾病や植物病害虫 (生)(流) 新たな感染症 (生) 食品の安全に関する事件・事故 (流) 港湾等での輸送障害 (流) 輸出国等での紛争・政情不安等 (流) 輸出国における輸出規制 (流) 輸出入国間等の貿易の障害発生 (流) 為替変動 (流) 石油等の燃料の供給不足
既に顕在化しつつあるリスク	(生) 地球温暖化等の気候変動	(生) 地球温暖化等の気候変動 (生) 肥料（養殖用飼料）需給の逼迫 (生) 遺伝資源の入手困難 (生) 水需給の逼迫 (生) 単収の伸び率の鈍化 (生) 水産資源の変動 (需) 人口増加に伴う食料需要増加 (需) バイオ燃料向け需要の増加 (需) 新興国との輸入の競合

【凡例】
(生)：生産面　(流)：流通面
(需)：需要面
下線：国内固有または海外固有のリスク

出所）農林水産省

グローバルリスクに振り回される日本の食料安全保障

日本の食料自給率は長期にわたって徐々に下がってきており、カロリーベースで見て4割を切る状況にある。他方、グローバルでの食料需給は、人口増大や新興国の生活水準の向上などによって今後も長期的に需要拡大が続くのに対して、生産量は気候変動や水不足、土壌劣化などにより緩やかにしか拡大しないため、食料危機への懸念が高まりつつある。もし世界的な食料不足が生じれば、自給率の低い日本が困難に直面する可能性は高いと言える。

農林水産省は、不測の事態への備えとして、食料安全保障に影響しうるリスクを定期分析するとともに、「緊急事態食料安全保障指針」として事態の深刻さに応じた対策を規定している。

改良が重ねられる食料安全保障の取り組み

「緊急事態食料安全保障指針」は、2002年策定の「不測時の食料安全保障マニュアル」が改題されたものである。同指針の内容は、演習や実際に発生した事象を踏まえて、これまでも1〜3年ほどの周期で適宜改正が図られている。

例えば2011年の東日本大震災時には、国内の食料の製造・流通の混乱や輸送障害などによる食料偏在・不足が局地的・短期的に発生したことを受け、これを教訓とする想定と対策が翌年の改正に盛り込まれている。また2019年からの新型コロナ感染症拡大を受け、新たなリスクに対応するため、早期の警戒監視を強化する「早期注意段階」を設定する改正を行った。その結果、2022年に起きたウクライナ危機にともなう小麦高騰の際、迅速な情報収集と対応に役立ったと考えられる。

図5-3 政府による食料安全保障関連の取り組み

1. 食料安全保障の確立に向けた取り組み	1.1 国内の農業生産の増大	・食育や地産地消の推進と国産農産物の消費拡大 ・肉用牛・酪農の生産基盤強化、水田のフル活用 ・新たな市場創出や輸出の促進 ・担い手の育成・確保、農地の集積・集約化 等
	1.2 輸入穀物等の安定供給の確保	・入相手国との良好な関係の維持・強化 ・食料の安定供給に資する国際交渉 ・海外食料需給動向の分析、定期的な情報発信 等
	1.3 備蓄の推進	・米・小麦・飼料穀物の適正な備蓄水準の確保 等
2. 不測の事態に備えた食料安全保障		・リスクを洗い出し、そのリスク毎の影響度合・発生頻度・対応の必要性等について定期的に検証 ・不測の事態を想定した具体的な対応手順を検証(緊急事態食料安全保障指針) ・食品産業事業者等の事業継続計画(BCP)の策定推進

出所)農林水産省

図5-4 緊急事態食料安全保障指針の内容

状況	講ずべき対策の基本的な内容
平時	・食料自給力の維持向上 ・適切かつ効率的な備蓄の運用、安定的な輸入の確保 ・国内外の食料供給に関する情報の収集・分析・提供 ・早期の警戒監視の強化 ・事業継続計画等の策定、状況に応じた見直し等を促進
Lv0 より一層の事態に発展するおそれがある場合	・食料供給の見通しに関する情報収集・分析・提供 ・備蓄の活用と輸入の確保 ・規格外品の出荷、廃棄の抑制などの関係者の取り組みの促進 ・食料の価格動向などの調査・監視
Lv1 特定品目の供給が平時供給の2割を下回ると予測される場合	・緊急の増産 ・生産資材(種子・種苗、肥料、農薬)の確保 ・買占めの是正など適正な流通の確保 ・標準価格の設定などの価格の規制
Lv2 1日1人当たり供給熱量が2,000kcalを下回ると予測される場合	・熱量効率が高い作物などへの生産の転換 ・既存農地以外の土地の利用 ・食料の割り当て・配給及び物価統制 ・石油の供給の確保

出所)農林水産省「我が国における食料安全保障の取組」

42

世界の人口爆発と国内の人口減少

World Population Explosion & Domestic Depopulation

Consultant View

国内食産業は市場規模縮小に直面し、効率化の議論が多くを占めるようになってきている。他方、海外に目を向けると人口増と所得増の中で、食産業は引き続き拡大すると予想されている。

人口増を市場拡大という消費側面だけでとらえると、誤った戦略検討になる。人口増は労働力の拡大でもあり、海外現地での供給体制が確保しやすいことから海外ビジネスを考えていくことがポイントとなる。さらには、地球上の資源が限られる中で、人口爆発による食糧不足のリスクも意識していく必要がある。

語句の解説

人口爆発

世界の総人口が急激に増加すること。ヨーロッパを中心に産業革命が進行した18世紀後半から19世紀を第一次人口爆発と呼ぶ。1960年以降、年平均増加率が2%を上回る水準で推移している現在を第二次人口爆発と呼んでいる。

人口減少

少子高齢化により、生まれてくる子どもの数が減少する一方で高齢者の死亡数が増加する状態。国内人口は2008年をピークに減少に転じており、2054年には1億人を割る見通し。

図5-5 世界の人口推移と予測値(1950年〜2100年)

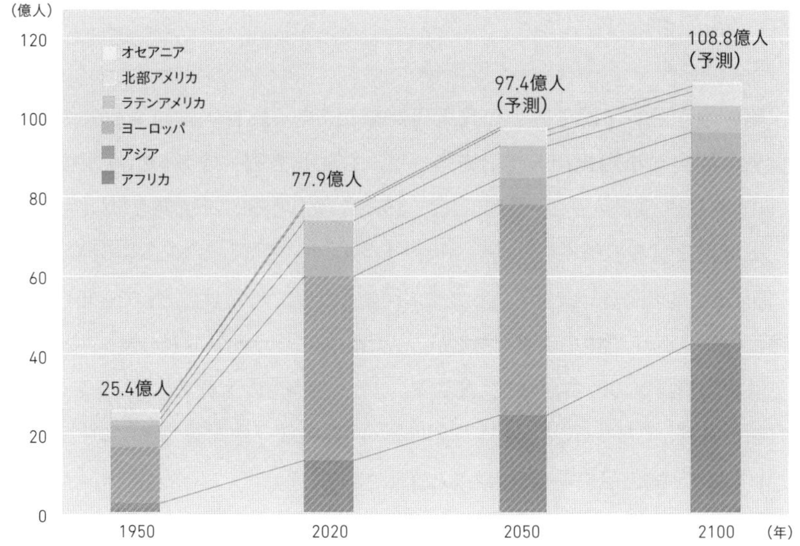

出所）人口問題研究所

図5-6 日本の人口推移と予測値(1950年〜2065年)

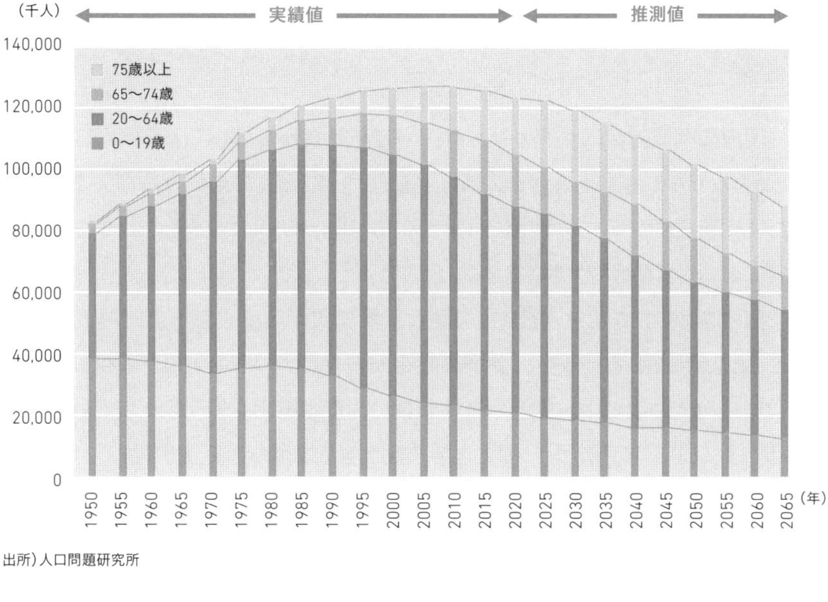

出所）人口問題研究所

拡大する世界の食産業市場

農林水産分野で国の唯一の政策研究機関である農林水産政策研究所は、世界の飲食料市場規模の推計を行った。主要34カ国・地域の市場規模は、2015年の890兆円から、2030年には1.5倍の1,360兆円になると発表がなされた。

地域別に見るとアジア圏、特にインドにおいて、生鮮品や加工品の伸びが2倍以上になると見込まれている。インドは世界最大の菜食国としても知られ、住民の約40%が菜食主義者であるが、人口増加に伴う経済成長により、近年では食肉や鮮魚の消費が増加している。また、インドの家庭ではフレッシュな食材を調理して食べることが好まれていたが、富裕層・中間層や働く女性が増加しており、加工品の需要も増えると推測されている。

インドネシアでは、生鮮品や外食の伸びが2倍以上になると見込まれている。市場拡大の鍵はコールドチェーンの普及であり、国土交通省や日本の物流会社も事業機会を見極めている。

変化する国内の産業構造

国内の就業者数は女性の社会進出や定年延長が影響し、上昇傾向にある。しかしながら、産業別の就業人口を見ると、1970年には全体の約17%であった農林漁業に従事する人の割合は、2020年には約3%に減少した。これは鉱業に次ぐ減少割合の大きさである。

国内の労働力が第一次産業から離れ、第二次・第三次産業にシフトしていることを示している。今後、少子高齢化が進行し、労働力人口が減少していくことが予想される中、国内の農林漁業の労働力不足を補うために、人手だけではなく、産業用ロボットなど人手を代替する技術の必要性が高まる。

図5-7 食産業の市場規模予測

		2015年(兆円)				2030年(兆円)				市場成長率(倍)		
		生鮮品	加工品	外食	合計	生鮮品	加工品	外食	合計	生鮮品	加工品	外食
アジア	中国	137	95	33	**265**	243	204	52	**499**	1.8	2.1	1.6
	インド	36	8	4	**48**	80	19	4	**103**	2.2	2.4	1.0
	インドネシア	13	6	3	**22**	32	10	6	**48**	2.5	1.7	2.0
	その他アジア	35	37	18	**90**	54	59	30	**143**	1.5	1.6	1.7
北米	アメリカ	37	72	76	**185**	41	80	118	**239**	1.1	1.1	1.6
	その他北米	10	21	7	**38**	14	24	7	**45**	1.4	1.1	1.0
ヨーロッパ		53	97	60	**210**	62	105	75	**242**	1.2	1.1	1.3
南米・オセアニア		12	12	9	**33**	15	16	14	**45**	1.3	1.3	1.6
34ヵ国・地域計		333	348	210	**891**	541	517	306	**1,364**			

出所）農林水産政策研究所

図5-8 国内産業別就業者数の推移

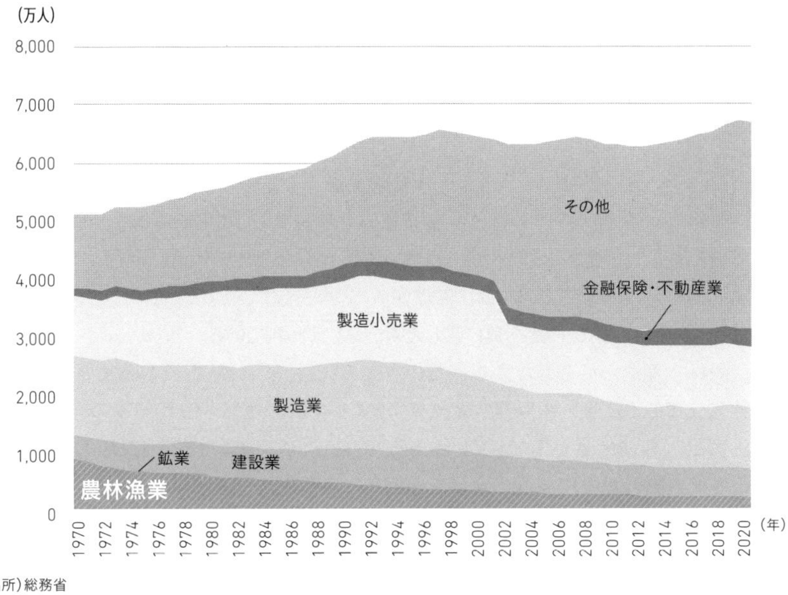

出所）総務省

43

食糧危機

Food Crisis

Consultant View

日本の自給率は40%程度にとどまっており、国内のフードビジネスはすでに海外依存の状況にある。欧米の食文化が国内で普及し、日本の食は既に世界のトレンドに左右されている。

人口爆発とともに食糧の不足が世界のトレンドとなる中で、国際社会の一員として、日本でも食糧危機に対応した動きが求められている。

語句の解説

食糧は、食料の中でも特に主食を意味する言葉として用いられる。つまり食糧危機とは人間の主食として用いられている米や小麦などが不足し、すべての人に行きわたらず、栄養不足や飢餓状態に陥ることを指している。現時点でも世界では3人に1人が何らかの栄養不良に苦しんでいると言われている。

農林水産省が発表した食料需給の今後の見通しによると、日本の主要農作物の輸入先である北米、中南米、オセアニアのいずれの地域も生産技術の発展により生産量、純輸出量が増加している一方で、アジア・中東・アフリカ地域では、人口増加の影響が生産技術の発展を上回り、純輸入量が大幅に増加している。

図5-9 2050年における主要作物の地域別需給状況の見通し

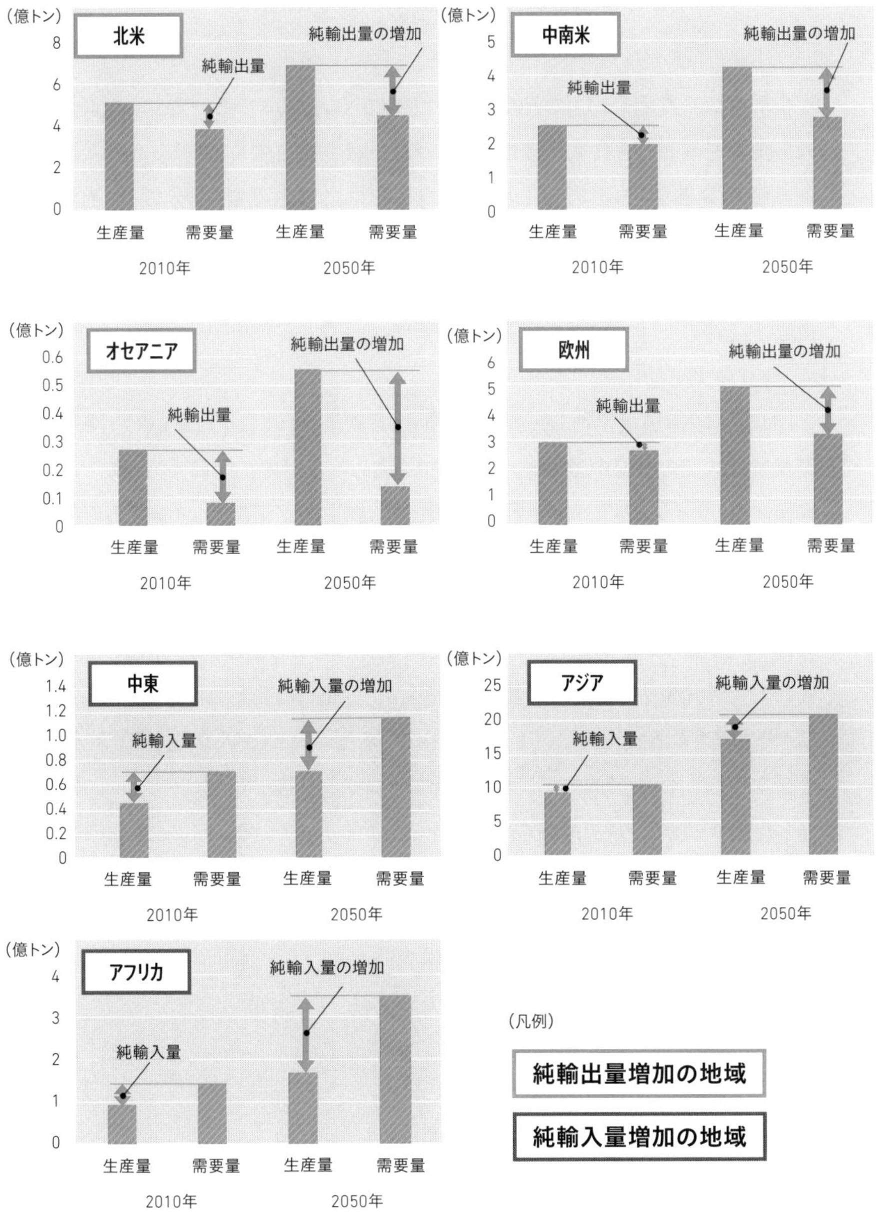

出所）農林水産省

グローバルにおけるフードロスとフードウェイスト

世界では、貧困や紛争などの要因で飢餓に苦しむ人がいる一方で、生産された食料を消費しきれず廃棄せざるを得ない状態も発生している。FAO（国連食糧農業機関）の報告書によると、世界では食料生産量の3分の1に当たる約13億トンの食料が毎年廃棄されている。FAOの定義によれば、食品廃棄物のうち、食品の生産から流通までに生じた食品ロスを「フードロス（Food Loss）」と呼び、小売や外食から家庭間の食品ロスを「フードウェイスト（Food Waste）」と呼ぶ。

UNEP（国連環境計画）が発表した食品廃棄量ランキングにおいて、総廃棄量では人口の多い中国やインドが上位を占める。一方、人口一人当たりに換算するとナイジェリアやイラクをはじめとする途上国が上位となる。この理由として考えられるのが途上国における上流工程でのフードロスである。西アフリカに位置するナイジェリアでは、一人当たりの年間食品廃棄量が184kgにものぼり、食品ロスが問題視されている日本と比較しても約2.8倍になる。その多くは、出荷前の品質劣化とも言われており、世界銀行の調査によると、ナイジェリアで生産される食料の40％が廃棄されているという。ずさんな取り扱いや不十分な包装、保管設備の不足など十分なインフラが整っていないために、生産した農作物が売り物にならないということが発生している。このような課題を解決するため、インフラ設備への投資が進められている。設備の投資により農作物の保存期間は延び、施設の管理のために雇用も創出され、小規模農家が自立した経営に挑戦している。

図5-10 国民一人当たりの年間食品廃棄量

※食品廃棄量ランキング上位50ヵ国について一人当たりの廃棄量を算出して再作成

出所）国連環境計画

44

FTA/EPA/TPP

Free Trade Agreement / Economic Partnership Agreement / Trans-Pacific Partnership Agreement

Consultant View

食産業は、各地の気候・土壌といった生産制約を前提とすることから、一部のグローバル産品を除いて、長い歴史の中でそれぞれの地域の食文化とともに独自の成長・発展を遂げてきた。

他方、貿易・経済に関する世界的な協定の整備が進んでおり、各国の食産業は、グローバル規模での大規模生産とどう戦うか、独自の食文化をどう守るかといった問題に直面している。

語句の解説

FTA（Free Trade Agreement）

「自由貿易協定」の略で、主に2つの国・地域が両国・地域間の貿易における関税を撤廃・削減し、物品やサービスの移動を円滑にする協定のこと。

EPA（Economic Partnership Agreement）

「経済連携協定」の略で、主に2つの国・地域が両国・地域間の経済活動にかかわるルールや体制を整備し、物品やサービスの移動に限らず投資、人の移動など、幅広な経済関係強化を図る協定のこと。

TPP（Trans-Pacific Partnership Agreement）

「環太平洋パートナーシップ協定」の略。主に2つの国・地域間で結ばれるEPAを環太平洋諸国という複数国間で締結したもの。

図5-11 FTA・EPA・TPPの用語の関係性

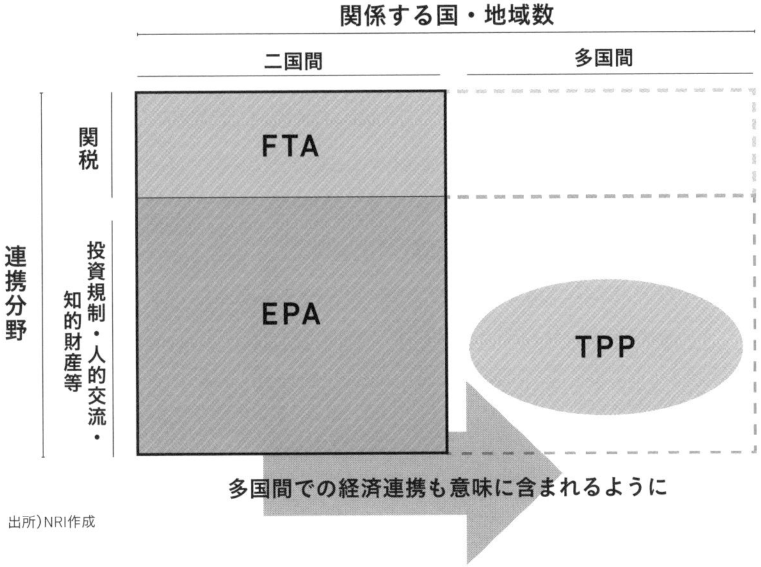

出所）NRI作成

図5-12 日本のFTA・EPAの締結状況

	名称	発行状況
1	日・シンガポール EPA	2002年11月発効、2007年9月改正議定書発効
2	日・メキシコ EPA	2005年4月発効、2012年4月改正議定書発効
3	日・マレーシア EPA	2006年7月発効
4	日・チリ EPA	2007年9月発効
5	日・タイ EPA	2007年11月発効
6	日・インドネシア EPA	2008年7月発効
7	日・ブルネイ EPA	2008年7月発効
8	日 ASEAN・EPA	2008年12月から順次発効
9	日・フィリピン EPA	2008年12月発効
10	日・スイス EPA	2009年9月発効
11	日・ベトナム EPA	2009年10月発効
12	日・インド EPA	2011年8月発効
13	日・ペルー EPA	2012年3月発効
14	日豪 EPA	2015年1月発効
15	日・モンゴル EPA	2016年6月発効
16	TPP12（環太平洋パートナーシップ）	2016年2月署名、日本は2017年1月締結
17	TPP11（包括的・先進的 TPP 協定）	2018年12月発効
18	日 EU・EPA	2019年2月発効
19	日米貿易協定・日米デジタル貿易協定	2020年1月発効
20	日英 EPA	2021年1月発効
21	RCEP（地域的な包括的経済連携協定）	2022年1月発効

出所）JETRO

TPPが日本の農業・食品産業に及ぼす影響

2016年日本加盟、2017年アメリカ離脱によって注目を集めたTPPは、2022年9月時点で11カ国(シンガポール、ブルネイ、チリ、ニュージーランド、オーストラリア、カナダ、マレーシア、メキシコ、ペルー、ベトナム、日本)が参加し、人口約5億人、GDP約1,100兆円の経済圏を構成している。

農業・食品産業への影響としては、安価な輸入農作物との価格競争にさらされるというデメリットに目が向きがちだが、関税の撤廃による輸出拡大というメリットもある。品目による違いはあるものの、一方的に国内産業がダメージを受けるとは見られていない。ただし、事業環境を変化させる強力なトリガーの一つであることも事実で、国内の事業者は変化への適応が求められている。

積極的に海外展開を狙う事業者も

岩手県にある米穀生産を基幹とした大手農業法人である西部開発農産は、TPP締結をにらんで2013年からベトナムでのコメ栽培指導を開始した。現地品種だけでなく日本品種も有機堆肥にて栽培し、収穫後は現地で販売するほか、TPP参加国間の関税撤廃または引き下げを見越して、日本の商社と連携しながら他のTPP参加国への輸出に注力している。

福岡県のこんにゃくメーカーである石橋屋は、バタ練りと呼ばれる伝統的な手作り製法によるコリコリとした独特な食感を売りにアメリカや中国へ展開した。当初アメリカでは「スライミー」「チューイー」と毛嫌いされたものの、ヌードル型のこんにゃくを開発するなどの工夫を続け、海外売上比率を高めている。

図5-13 TPPの農業・食品産業への影響試算

農産物

品目名	生産量減少率	生産減少額（億円）
米	0%	0
小麦	0%	29-65
大麦	0%	4
砂糖	0%	48
でん粉	0%	0
牛肉	0%	200-399
豚肉	0%	124-248
牛乳乳製品	0%	199-314
小豆	0%	0
いんげん	0%	0
落花生	-	-
こんにゃくいも	-	-
茶	-	-
加工用トマト	-	-
かんきつ類	0%	8-17
りんご	0%	4-8
パインアップル	0%	0
鶏肉	-	-
鶏卵	-	-
農産物計		616-1,103

出所）農林水産省

林水産物

品目名	生産量減少率	生産減少額（億円）
合板等	0%	212
あじ	0%	8-16
さば	-	-
いわし	-	-
ほたてがい	-	-
たら	0%	4-7
いか・干しするめ	0%	19-38
かつお・まぐろ類	0%	46-93
さけ・ます類	-	-
こんぶ・こんぶ調製品	-	-
干しのり・無糖のり・のり調製品	-	-
うなぎ	-	-
わかめ	-	-
ひじき	-	-
林水産物計		289-366

注1）「-」はTPP11参加国からの輸入実績がない又はほとんどないことを踏まえ、影響はないと想定されていることを意味する
注2）生産減少額がゼロでない品目の生産量減少率は非常に小さい値のため、便宜上「0%」と表記

図5-14 日本の農家のTPP対応事例

事例①

西部開発農産（岩手県）

- 同社は、当時ベトナムがすでにTPPに交渉参加していたことを踏まえ、2013年に日本の栽培技術を活用したベトナムでのコメ生産を開始
- 収穫した農産物は現地で販売のほか、日本の商社と連携してTPP参加国に輸出する計画

事例②

石橋屋（福岡県）

- 同社は、TPPを見越して2006年から世界市場に進出。10年以上かけて海外売上比率を0%から20%へと拡大した
- こんにゃくを知らないアメリカ人向けに板状こんにゃくという形にこだわらず、ヌードル型・ジェル型等を開発

出所）日本商工会議所、各種新聞記事よりNRI作成

45

漁業協定

Fisheries Agreement

Consultant View

海洋の水産資源には漁船さえあればどの国も物理的にはアクセスが可能であり、世界的な人口爆発と途上国を中心とした所得増の中で、資源の奪い合いの可能性が高まっている。

再生産までを視野に入れた循環システム(サーキュラーエコノミー)が世界各国で議論されており、水産分野でも各国が連携した形で持続可能性を維持できる環境を構築しなければならない。

語句の解説

水産資源保護や経済的な権利の確保を目的として、複数の国家間で取り決められるルールのこと。主として遠洋漁業及び沖合漁業にかかわる漁場・時期・方法について定められている。

多国間で結ばれるものと、日本を一方とする2国間で締結される協定とがある。前者は「国連公海漁業協定」に代表され、その協定に基づく地域漁業管理機関が管理監督を行う。後者の例としては「日韓漁業協定」「日中漁業協定」「日ロ漁業協定」などがある。

図5-15 日本に関連する漁業協定

<table>
<tr><th>排他的経済水域(EEZ)
海岸から200海里以内</th><th>公海</th></tr>
<tr><td>《オホーツク海方面》
日ソ地先沖合漁業協定(1984締結)
・サンマ、イカ、スケトウダラ等を対象とした相互入漁の取決め
日ソ漁業協力協定(1985締結)
・ロシア系サケ、マスを対象とした日本漁船の漁獲に係る取決め
北方四島周辺水域操業枠組協定(1998発効)
・北方四島周辺12海里内の日本漁船の操業に係る取決め
貝殻島昆布協定(1963締結)
・貝殻島周辺のコンブが対象
・漁業協定として稀な民間協定</td><td rowspan="3">国連公海漁業協定(2001発効)
・国際的な海洋秩序の基礎である「国連海洋法条約」における、ストラドリング魚類資源(タラ、ヒラメ等)および高度回遊性魚類資源(マグロ、カツオ、カジキ、サメ等)の保存・管理に係る枠組み。日本を含む世界85カ国が加盟
・管理の中心的主体として国際機関「地域漁業管理機関(RFMO)」が設置されている

北太平洋漁業資源保存条約(2015発効)
・北太平洋の公海における魚類資源の保存・利用の確保に係る条約。締約国はカナダ、中国、ロシア、韓国、米国、バヌアツ、台湾、EU、日本
・対象魚種はサンマ、サバ類、マイワシ、スルメイカ、アカイカ、クサカリツボダイ、キンメダイ等(カツオ、マグロ等の高度回遊性魚種、定着性種族等を除く)</td></tr>
<tr><td>《日本海・東シナ海方面》
日韓漁業協定(1999発効)
・日韓双方のEEZにおける漁獲割当・方法に係る取決め
・2016.6に期限切れ。協議継続中
日中漁業協定(2000発効)
・日中双方のEEZにおける漁獲割当・方法に係る取決め
・相互入漁条件等につき協議中
日台民間漁業取決め(2013発効)
・日台双方のEEZにおける漁獲割当・方法に係る取決め</td></tr>
<tr><td>《太平洋西部(フィリピン海)方面》
パラオEEZ内への入漁に係る協議
・日本漁船の重要漁場であるパラオのEEZにて商業漁業を禁止する現地法が制定される(2020)も、協議の結果、限定水域にて操業継続が可能となった</td></tr>
</table>

出所)農林水産省、各種新聞記事よりNRI作成

トラブルだらけの漁業協定

日本が漁業協定を結んでいる主要な相手国・地域は、韓国、中国、台湾、ロシアである。

しかし中国における漁業管理では、有効な漁業許可証、漁船登記証及び漁船検査証を持たずに非合法な漁業に従事する「三無漁船」と呼ばれる漁船の存在が問題となっている。2013年に沖縄や小笠原などの周辺海域に出現した宝石サンゴの密漁船も違法漁船の一種であると見られるが、これら漁船の中国のEEZ外での違法操業は全容が不透明であり、資源管理上の懸念事項となっている。

また韓国では、西アフリカ沖や南極海などにおける韓国の遠洋漁船の無許可操業や漁獲枠の大幅超過といった違法操業が相次いで発覚し、2013年に米国及びEUが韓国を違法・無報告・無規制(IUU)漁業国に予備指定した。また日本のEEZでも「日韓漁業協定」発効以来、韓国はえ縄漁船による漁獲量の虚偽報告などの違法操業が後を絶たない状況にある。さらに2022年には、ロシアによるウクライナ侵攻への経済制裁への対抗策として、日ロ漁業協定の停止が発表されるなど、日本周辺の漁業環境は不安定な状況が続いている。

漁獲枠の本格運用化で、より状況が不公平化するおそれも

一方で世界的な水産物の消費量増大を受け、漁業における資源管理の必要性はより高まっており、日本でも2016年からクロマグロについてMP(Management Procedure)と呼ばれる新しい資源管理方式が導入されるなど、対応が進められている。しかし上述のような周辺国の違法操業が常態化している状況では資源管理が奏功することはないため、従来以上に強く政府当局への対応強化を求めていく必要がある。

図5-16 日本近海における違法操業の発覚

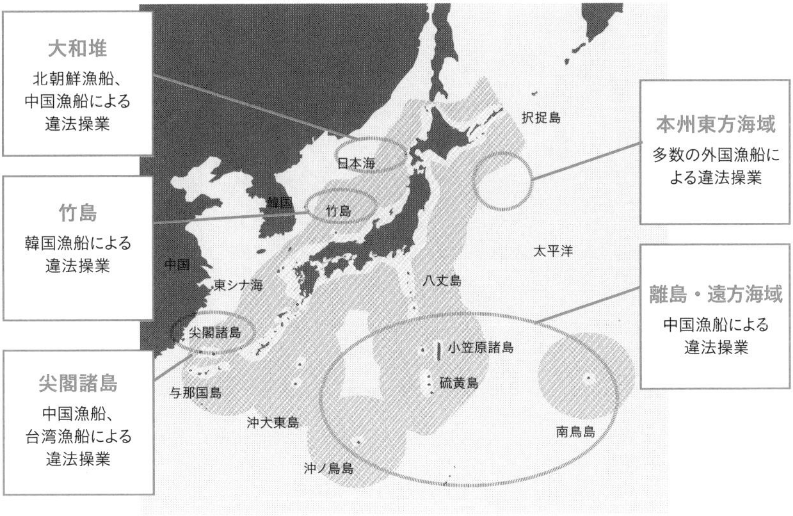

出所）海上保安庁

図5-17 資源管理手法の強化に向けた動き

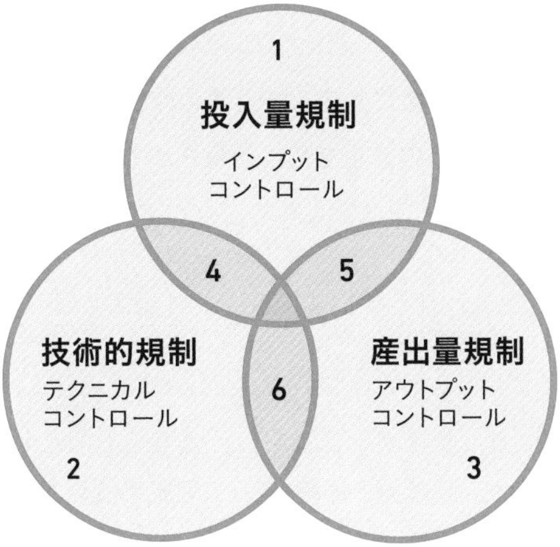

- 資源管理手法は、投入量規制・技術的規制・産出量規制に大別される
- 日本は漁業の特性等を踏まえ、個々に適切な手法を適用してきた
- 2018年の漁業法改正にて、水産資源の持続的な利用の確保に向け、主要８魚種※にのみ設定されていた漁獲可能枠（TAC）をより幅広い魚種に導入することとしている

【手法の具体例】
1：漁船隻数・トン数の制限、2：漁具の仕様の制限、3：漁獲可能量（TAC）の設定、4：禁漁区・禁漁期間の設定、5：漁獲努力可能量（TAE）の管理、6：若齢魚の漁獲制限

※①クロマグロ、②サンマ、③スケトウダラ、④マアジ、⑤マイワシ、⑥マサバ及びゴマサバ、⑦スルメイカ、⑧ズワイガニの８魚種

出所）水産庁

46

攻めの農林水産業

Offensive Strategy in Agriculture, Forestry and Fisheries

Consultant View

輸入品の増加や小売の寡占化・大規模外食チェーンの登場といった環境変化が、農業への変革圧力を強くしている。一方で、ダイレクトマーケティングや海外展開など新たな市場も生まれつつある。農林水産業は、基本的には、年1回の生産・収穫であり、新たな取り組みを高い頻度で実施することが難しい。脅威と機会に対応した変革の取り組みを業界全体で様々な地域で活動し、その成果を広く普及させていく仕組みが求められている。

語句の解説

第二次安倍内閣の経済再生戦略(アベノミクス)にて掲げられた「三本の矢」の一つである「成長戦略」において明示された農業改革のスローガンを指す。①輸出倍増戦略、②農林水産業の六次産業化、③農地の集積、の3つの重要施策が含まれており、2012年から提唱・展開されている。

なお、青森県も同名の「攻めの農林水産業」と名付けた農業振興策を2004年から行っている。その内容は「生産から流通・販売を結び付けて収益性向上を図りつつ、安全・安心で優れた県産農林水産物及び加工品を生産して売り込む販売重視の方策」であり、農林水産業の六次産業化と一致している。

図5-18 農政改革の流れ

保護農政

- 農村における地主と小作農の対立を解消することを目的とした、農地解放で生まれた自作農の保護を目指す
- 農地法、農協法、食管法の3つの法律を基本とする
- 新規参入や農地流動化を制限し、米の価格維持を目的として生産調整を行う

成長農政

- 農業所得や農業産出額の増加を目指す
- マーケット主導で、市場のニーズを捉えて商品開発を行い、食品加工業と連携することで農産物の付加価値を高める
- 1990年代よりEUが取り組んでおり、日本では第二次安倍政権での攻めの農林水産業が初めての成長農政と言われる

出所）大泉一貫「フードバリューチェーンが変える日本農業」よりNRI作成

図5-19 「攻めの農林水産業」の概要（2014年）

「強い農林水産業」「美しく活力ある農山漁村」に向けた4本柱

柱1 需要フロンティアの拡大

- 食文化・食産業のグローバル展開による輸出促進（オールジャパンの輸出体制整備）
- 国内需要の拡大、新たな国内需要への対応（国産農産物のシェア獲得、地産地消、食育等）
- 食の安全と消費者の信頼の確保

柱2 バリューチェーンの構築

- 六次産業化の推進（農林漁業成長産業化ファンド（A-FIVE）の積極的活用、医福食農連携等）
- 次世代施設園芸等の生産・流通システムの高度化
- 新品種・新技術の開発・普及等
- 畜産・酪農分野のさらなる強化

柱3 生産現場の強化

- 農地中間管理機構の活用による農業生産コスト削減等
- 経営所得安定対策・米の生産調整の見直し
- 農業の成長産業化に向けた農協・農業委員会等に関する改革の推進

柱4 多面的機能の維持・発揮

- 日本型直接支払制度の創設
- 人口減少社会における農山漁村の活性化（地域コミュニティ活性化、都市と農山漁村の交流等）

↓

農業・農村全体の所得を今後10年間で倍増

出所）農林水産省

農業競争力強化プログラム

攻めの農林水産業を受けて、農業競争力強化プログラムと農林水産物輸出インフラ整備プログラムが決定し、2016年に「農林水産業・地域の活力創造プラン」の中に位置づけられた。

農業競争力強化プログラムは生産者が自由に経営展開できる環境を整備しながら、生産者の努力では解決ができない構造的問題に対処するためのプログラムである。例えば生産者にとってコストの多くを占める生産資材価格が生産者の負担、ひいては競争力低下につながらないよう、メーカー間での適正な競争を促して価格を引き下げる取り組みを行っている。他にも加工や流通など、生産者の努力では対処の難しい領域にアプローチする13の方針によって構成されている。

農林水産物輸出インフラ整備プログラム

農林水産物・食品は工業製品などと異なり品質が劣化しやすいことから、梱包や保管を適切に行い、輸出先の衛生基準に適合する施設を整備することが必要となる。また保存期間に制約があることから、積み替えや開封の頻度を減らして検疫などの輸出関連手続きを迅速に行うことで、リードタイムを削減する努力も必要となる。このように農林水産物輸出インフラ整備プログラムは、施設や設備のハード面と、制度・仕組みのソフト面の両面から、農林水産物の輸出拡大を支えるものとなっている。

図5-20 農業競争力強化プログラムの概要

1. 生産者の所得向上につながる生産資材価格形成の仕組みの見直し
2. 生産者が有利な条件で安定取引を行うことができる流通・加工の業界構造の確立
3. 農政新時代に必要な人材力を強化するシステムの整備
4. 戦略的輸出体制の整備
5. すべての加工食品への原料原産地表示の導入
6. チェックオフ導入の検討
7. 収入保険制度の導入
8. 真に必要な基盤整備を円滑に行うための土地改良制度の見直し
9. 農村地域における農業者の就業構造改善の仕組み
10. 飼料用米を推進するための取り組み
11. 肉用牛・酪農の生産基盤の強化策
12. 配合飼料価格安定制度の安定運営のための施策
13. 牛乳・乳製品の生産・流通等の改革

出所）農林水産省

図5-21 農林水産物輸出インフラ整備プログラムの概要

ハード面のインフラ整備

- 輸出先の植物検疫・食品規制・衛生基準に適合する生産・加工・集荷
- 品質や鮮度を保ちタイミングよく送り出す保管・梱包・積み出し
- 積み替えや再梱包の手間・コストを抑えて運搬するための集約化
- より短時間での輸出関連手続きのワンストップ化・迅速化の実現
- 高水準な衛生管理体制の整備
- 海外への長距離輸送に対応可能なパッキング設備の整備
- コールドチェーンの確保に向けた荷捌き所や一時保管庫の整備
- 海外における日本産品の産直市場の整備

ソフト面のインフラ整備

- 事業者等へのサポート体制の整備
- 制度・手続き面の整備・改善

出所）農林水産省

47

食料・農業・農村基本計画

Basic Plan for Food, Agriculture and Rural Areas

Consultant View

人手など農業を継続するためのリソース不足が表出してきている中で、限りある資源を効率的に利用して作物を生産する必要性が以前にも増して高まっている。

供給不足は食料危機につながるため、十分な食料供給量を確保しなければならない。一方で、供給過剰は作物の値崩れやフードロス増加を招く。人口減少にある日本社会においては、こうした状況を踏まえた縮小均衡の計画や輸出といった他の販路の確保など、様々なプランを立てることが求められている。

語句の解説

1999年に制定された食料・農業・農村基本法に基づき、食料・農業・農村に関して政府が中長期的に取り組むべき方針を定めたもの。概ね5年ごとに更新することとされており、最新の計画は2020年3月に閣議決定された。

計画の中では、食料自給率の向上と食料安全保障の確立を目指すとされており、食料自給率の目標は2018年の37%から2030年に45%を目指すとしている。その達成に向けた様々な施策も記載されており、大きく7つのジャンルに整理されている。

図5-22 食料・農業・農村基本計画の概要

目標

食料自給率

- カロリーベース
  37% (2018) → 45% (2030)
- 生産額ベース
  66% (2018) → 75% (2030)
- 飼料自給率
  25% (2018) → 34% (2030)

食料自給力指標

- 2030年までに国内の農産物生産による供給熱量約1割向上

施策

食料の安定供給の確保

- 新たな価値の創出による需要の開拓
- グローバルマーケットの戦略的な開拓
- 消費者と食・農とのつながりの深化
- 食品の安全確保と消費者の信頼の確保
- 食料供給のリスクを見据えた総合的な食料安全保障の確立
- TPP等新たな国際環境への対応、今後の国際交渉への戦略的な対応

農村の振興

- 地域資源を活用した所得と雇用機会の確保
- 中山間地域等をはじめとする農村に人が住み続けるための条件整備
- 農村を支える新たな動きや活力の創出
- 上記施策を継続的に進めるための関係府省で連携した仕組みづくり

食と農に関する国民運動の展開等を通じた国民的合意の形成

農業の持続的な発展

- 担い手の育成・確保
- 多様な人材や主体の活躍(中小・家族経営、農業支援サービス等)
- 農地集積・集約化と農地の確保(人・農地プラン の実質化、農地中間管理機構のフル稼働等)
- 農業経営の安定化
- 農業生産基盤整備
- 需要構造等の変化に対応した生産基盤の強化と流通・加工構造の合理化
- 農業生産・流通現場のイノベーションの促進
- 環境政策の推進

東日本大震災からの復旧・復興と大規模自然災害への対応

団体に関する施策

新型コロナウイルス感染症をはじめとする新たな感染症への対応

出所)農林水産省

食料・農業・農村基本計画の目指す姿

2015年の食料・農業・農村基本計画では、「『強い農業』と『美しく活力ある農村』の創出」が目標であったが、2020年は「我が国の食と活力ある農業・農村を次の世代につなぐために」として、持続可能性に重点を置いた目標に変更された。

2020年の計画では新しく目指す姿も打ち出しており、その具体的なイメージとして農地面積の見通しや農業構造、農業経営についてもあわせて発表された。農地面積は減少傾向が続くものの、計画の実施により減少量を年平均0.5万ha抑制する効果があることを打ち出している。また農業構造についても、分散して保有される圃場の集積を進めることで、農地集積率を6割から8割まで高めることを目指している。農業経営についても望ましい経営規模や収益構造を試算しており、目指す姿が数字で具体的にイメージできるよう工夫されている。

新しく作られた「食料自給力」という概念

2015年の食料・農業・農村基本計画より「食料自給力」という新しい概念が登場した。食料自給力の考え方では花卉などの非食用作物を栽培する農地の潜在的な生産能力を考慮し、これらの農地を食用作物の栽培に利用した場合のエネルギー生産量を試算する。試算の結果、国内生産ではいも類を中心に生産することで有事の際も国民のエネルギー需要量の確保はできるという結論が2018年時点で得られている。現状でも有事の際の備えはできているが、2020年の計画では食料自給力の減少傾向に歯止めをかけ、2030年度に向けて緩やかな上昇軌道に戻すことを目指している。

図5-23 農地面積の推移

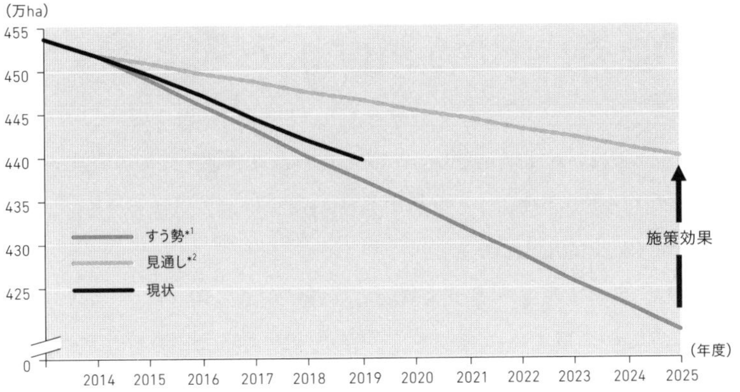

出所)農林水産省

*1「すう勢」とは農地の転用及び荒廃農地の発生がこれまでと同水準で継続し、かつ、荒廃農地の発生防止・解消に係る施策を講じない場合

*2「見通し」は2014年時点の見通しが示されている

図5-24 食料自給力*3指標の試算結果

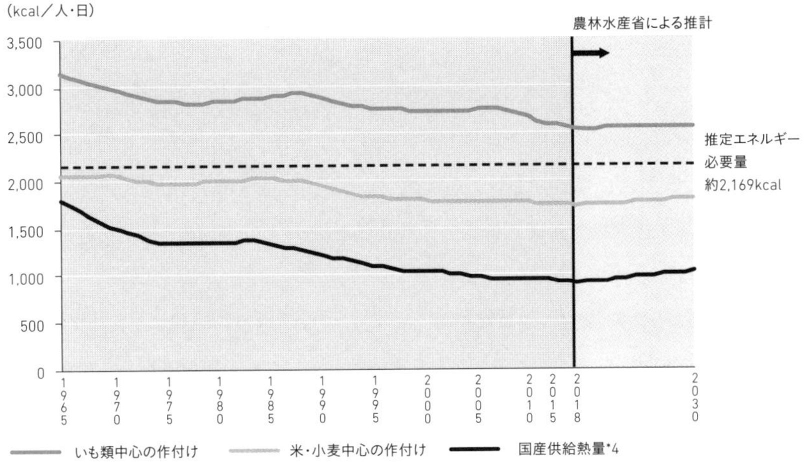

出所)農林水産省

*3 再生利用可能な荒廃農地を含め、農地等を最大限活用することを前提として、そこから得られる最大限の熱量を求めた指標。試算の際は複数のパターンが設けられており、ここでは高カロリーのいも類中心の作付けで農地を最大限活用した場合と、米・小麦中心の作付けで農地を活用した場合を掲載

*4 国内の農産物生産により賄うことができる熱量

Column

農家の所得、 How much ？

「農家は一体どれくらい儲かるものなのだろうか？」。耕作放棄地等の問題が深刻化する一方、現役世代の脱サラ・就農事例も見られる昨今、農家の所得について、一度は知りたくなるのではないだろうか。
本コラムでは、農林水産省の「農業経営統計調査」の結果を用いて、特に何を作るのか/どのような組織（経営体）で農業を行うのかの2つの視点で、農家の所得をざっくりと確認したい。

まずは「何を作るのか」、すなわち品目の観点から分析を行った。全農業経営体の農業従事者1人当たり農業所得の2020年度全国平均を見てみると、最も所得の高いブロイラー養鶏で162.7万円となっている。これは、（比較対象として適切かの議論はあるが）国税庁が発表している全国の平均給与433.1万円と比較すると小さな値となっている。その理由として、上記全国平均の中には、小規模な農家や準主業、副業として農業を営んでいる農家の数値も含まれていることが考えられる。実際に畑作の場合は5.0ha未満で同数値が16.0万円、50.0～60.0haで148.9万円とおよそ9倍の開きがある。

次にどのような組織（経営体）で農業を行うのかの観点から分析を行った。経営体別農業所得については個人経営体117.5万円、法人経営体323.4万円であり、経営体として大きな法人経営体の方が高い値となっているものの、それでも平均給与には届かない水準となった。

上記のようなあくまでマクロな統計上の見方では、農家の所得はあまり高くはないという結果となった。一方ミクロの視点では、デジタル機器を活用した生産の効率化やECサイトを活用した消費者への直接販売の主軸化などにより、年収1,000万円以上を稼ぐいわゆる「儲かる」農家がいることもまた事実であり、デジタル技術の積極活用や創意工夫の仕方によっては、もちろん十分に儲かる可能性もあると言える。

図5-25 品目別農業従事者一人当たり農業所得

出所）農林水産省

図5-26 畑作の耕作面積別農業従事者一人1人当たり農業所得

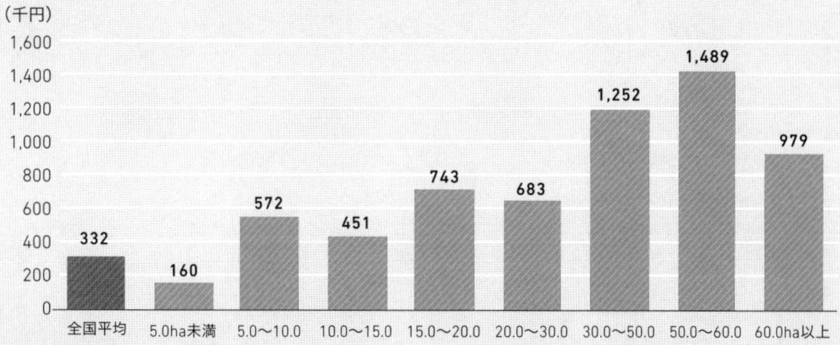

出所）農林水産省

図5-27 経営体別農業所得

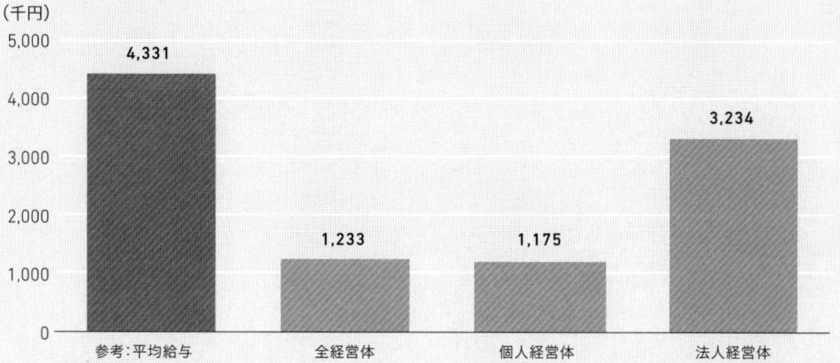

出所）農林水産省

第6章

出るに出られない海外市場

第6章　出るに出られない海外市場

ボーダレス化に挑戦する日本の食産業

食産業は嗜好性の違いなどから、他産業と比較してグローバル化が遅れていたが、各国での経済発展・人口増加を背景に日本と近しい市場環境が海外に整いつつある。

縮小が予想される日本市場に対して、成長が続く海外市場に注目する企業も増加し、政府も農産品・食品の輸出拡大を強力に推進している。

一方で、食産業の海外展開には様々な障壁がある。食品とは元来、最寄り品であり、購入頻度が高く、単価が安い。つまり、一定のビジネス規模に至るには、消費者の手が届きやすいように商品・価格・流通をトータルでコーディネートする必要がある。

そのため、食産業は海外展開にあたり、2つのボーダレス化に取り組むことが重要である。1つ目は、製・配・販のボーダレス化であり、日本のような分業体制ではなく、生産から販売に関わる事業者がより緊密な連携をする必要がある。2つ目は、事業環境のボーダレス化である。食品を消費者の手元に届けるには、引き続きの消費者理解の醸成、コールドチェーンの整備や販売拠点の拡大など、日本に近い事業環境を整備していく必要がある。

本章では、日本の農産品・食品が、現在、海外でどのような形で提供されているのか、また将来、より一層手に取ってもらい、食べてもらうためにどのような取り組みが求められてくるのかを紹介する。

Chapter. 6

取り扱いテーマ	背景となる事業環境の変化
食のグローバル化 日本食レストランの広がり 5兆円目標	食産業のグローバル化の取り組みは近年加速している。そのグローバル化を牽引しているのが、海外における日本食レストランの拡大とそのレストランへの食材供給を行う食品輸出である。 政府は、2020年から2030年にかけて輸出額を約4兆円増やす目標を掲げており、様々な施策が行われていくことが期待される。
生産拠点のグローバル化 異なるディストリビューションモデル ASEANで広がる近代小売 日式卸売ビジネスの海外展開	海外の消費者がより手軽に気楽に日本食を手に取れる環境を整備していくには、輸出拡大だけでは不十分であり、海外現地への投資もあわせて行っていく必要がある。 例えば、生産拠点を海外に移し、より消費者に合った商品や必要な数量を供給できる体制を整備すること、また、消費者が日本食にアクセスできる店舗を増やしていくことが求められる。 その際に、まず理解すべき事項は、国内と海外の流通構造の違いであり、海外投資の中で、日本食が流通しやすい環境を整備していくことが求められている。
海外進出の落とし穴	日本の食産業による海外進出が増加する一方で、海外事業をうまく軌道に乗せることができず、苦しんでいる事業者も多い。 海外進出を行うにあたっては、「海外展開戦略の検討」「海外での事業活動」「経営管理」という3つの取り組みがあり、それぞれにおいて、ゼロから事業を立ち上げるような意識で、注意深く、丁寧に活動を進めていく必要がある。

48

食のグローバル化

Globalization in Food

Consultant View

グローバル化は、海外での営業展開と生産拠点の海外移転、さらにはグローバルネットワークを通じたオペレーション最適化が論点。ドメスティックだった食産業は、グローバル化の波にさらされる中で、体制の見直しに直面している。日本国内のマーケットが一定規模存在し、事業の軸足を海外に移しにくい状況ではあるが、国内の競争を回避しつつ、グローバル化に挑戦するためのリソースを海外にシフトさせていく必要がある。

語句の解説

広義では、農林水産物や加工食品、食文化等が国境を越えて、世界各地に広がること。日本の立場から見ると、日本産品・企業が海外に出ていく場合と、海外産品・企業が国内に入ってくる場合がある。

企業目線では、設立国以外でビジネスを広げていくことを指す場合が多い。大別すると①輸出、②海外展開（海外に販売拠点や生産拠点を持つこと）の2パターンがある。また、海外展開は出資形態や拠点設立状況によって4パターンに分けられる。

図6-1 日系企業目線でのグローバル化の全体像

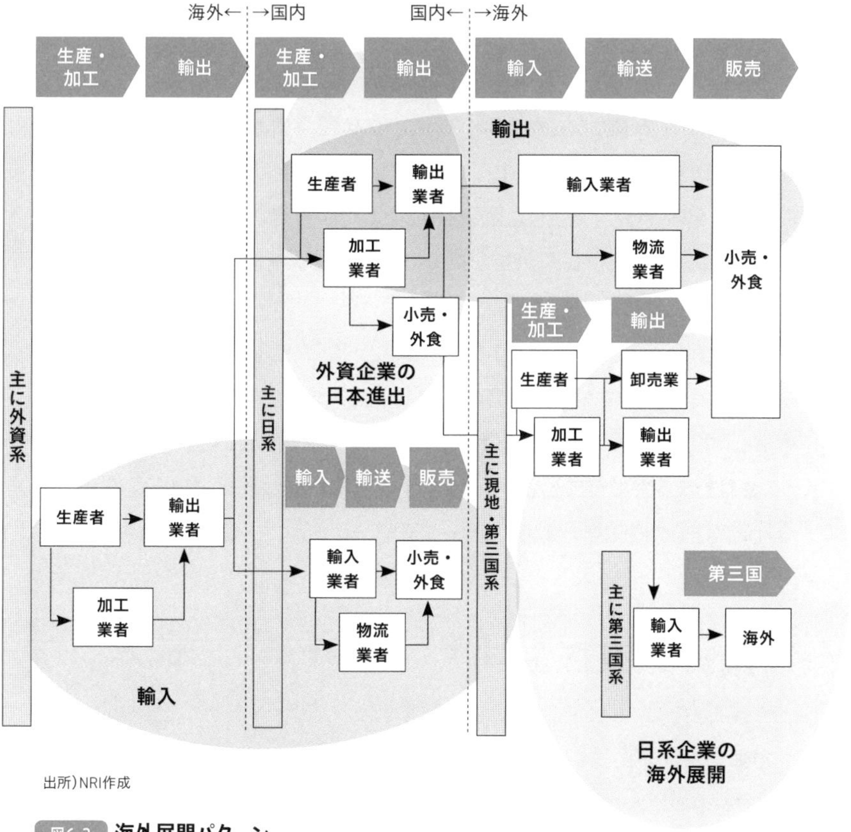

出所）NRI作成

図6-2 海外展開パターン

現地企業と関与（提携、出資等）			自社拠点設立
現地企業提携	合弁会社設立	M&A	
現地企業と販売店契約や業務・技術提携、ライセンス契約、FC契約等を締結	現地会社と出資し合う合弁会社を新たに設立	現地の会社に出資、もしくは買収	営業所、現地子会社 等を設立
・出資はなく、費用負担は低い ・他の形態同様に技術流出等のリスクあり	・パートナー探しや交渉が手間	・初期費用は高い ・既にある事業を取り込むことが可能	・すべてを自社で賄うため、初期投資・立ち上げ人材等が必要

出所）農林水産省

国内食産業へのグローバル化の波の到来

食は嗜好性の高さなどからドメスティックな産業であり、経済成長が鈍化し、国内市場が縮小傾向に転じている中で、競争環境は激化している。一方で、海外に目を向けると、発展途上国を中心とした所得増加・人口増加を背景に市場が拡大している。日系企業が業績の維持・拡大を図る上で、海外市場への挑戦の必要性は増大している。

食産業は、他産業と比べてグローバル化が進んでこなかったが、このような国内外の環境変化を受けて、海外進出志向は高まってきている。しかしながら、依然として、経営課題に占める海外関連事業の優先度合いは低く、輸出を行うのみに留まる企業がほとんどである。今後、本格的な海外進出を図る上では、全社戦略として優先度を高め、リソースを配分していくことが求められる。

海外に挑戦する日系企業

和洋菓子大手のシャトレーゼは、2015年のシンガポール進出を機に、東南アジアを中心に販売拠点を設けている。主に、日本で製造した製品を現地に輸出し、自社拠点やフランチャイズ店舗にて販売を行っている。現地に拠点があることで、卸や消費者との接点ができ、ニーズに合った商品の企画や販売を可能としている。

オタフクソースは、1990年代までは国内事業を中心としつつ、商社に委託する形で輸出を実施。その後、需要が高い国(米国・中国・マレーシア)に拠点を設立し、市場を把握してから工場設立へと移行した。リスクを抑えた形で海外展開を行っている。

図6-3 グローバル目線で見た国内食産業の状況

出所）NRI作成

図6-4 経営上の戦略として、今後特に重点的に取り組むもの（2021年）

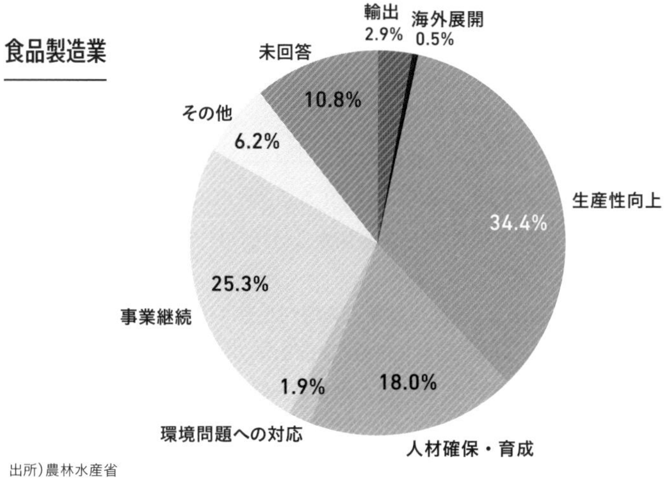

出所）農林水産省

49

日本食レストランの広がり

Expansion of Japanese Restaurant

Consultant View

情報通信の発展や海外旅行の増加により、日本食への注目度が高まり、海外の日本食レストランは急速に増加。また、日本行政の取り組みとして「和食」のユネスコ無形文化遺産への登録が達成された。

他方、レストランの海外展開は、店舗確保や現地での食材調達など対応事項が多く、ニーズ拡大に対して、日本企業側の対応が遅れており、マネタイズ可能なオペレーションモデルを急ぎ構築する必要がある。

語句の解説

日本食を提供するレストランが、海外で増加していること。海外日本食レストラン数は2006年から2021年の15年間で約2.4万店から約15.9万店にまで増加し、世界的に急拡大している。

ブームを加速させた一因として、訪日外国人の増加が挙げられる。訪問を通じて日本食の魅力に触れることで、各国で日本食需要が高まり、レストラン数増加につながった。外国人の日本訪問時の実施事項では、日本食を食べることが最上位であるとともに、その満足度も高いものとなっている。

図6-5 各国の日本食レストラン数（2021年）

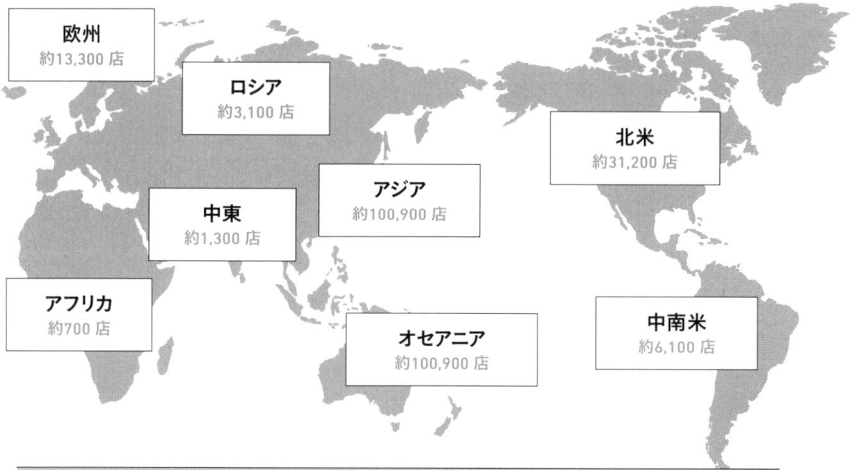

世界計推移					
2006年	2013年	2015年	2017年	2019年	2021年
約2.4万店	約5.5万店	約8.9万店	約11.8万店	約15.6万店	約15.9万店

出所）農林水産省

図6-6 訪日外国人が訪問時に実施したこと（2019年）

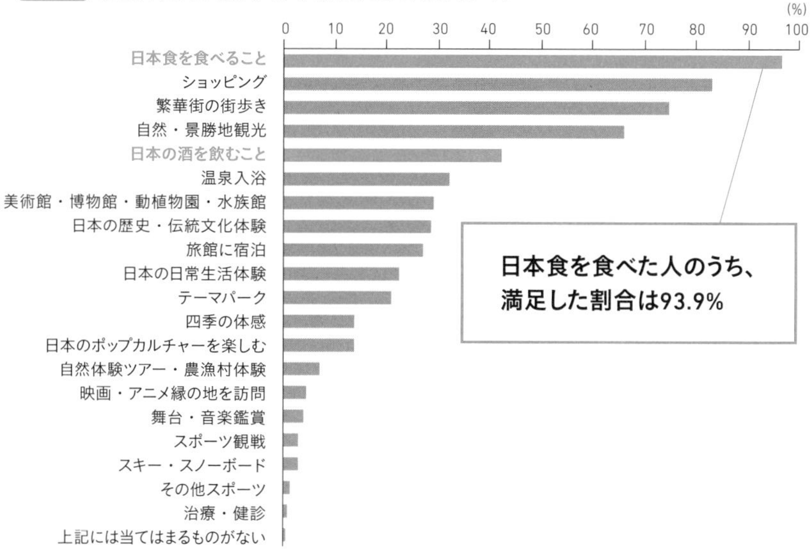

出所）観光庁

日系飲食店の海外展開の遅れ

日本食レストランが拡大する一方で、日本人はその利益を十分に享受できていない。例えば、米国の日本食レストランについては、アジア人や現地人によって経営されていることが多く、日本人オーナー数は10〜15%とも言われている。

海外展開が進まない理由の一つは、店舗確保や現地での食材調達など対応事項が多いことである。情報収集にかけるコストや時間がなく、検討段階で足踏みすることも多い。また出店後に関しても、多店舗展開できない場合は非効率な食材調達となるなど、様々な課題に直面している。

海外市場拡大の波に乗り、海外展開を加速するためには、これら数多くの課題を地道に解決していく必要がある。

日本食レストラン拡大に向けた支援

海外進出を目指す事業者には、リソース不足の事業者も数多く存在する。そのような方々に対し、資金援助や人材育成に関する支援も存在する。

クールジャパン機構では、日本の魅力の事業化のために、リスクマネーの供給を行っている。ラーメン店を展開する一風堂は、2014年に約7億円の出資と最大13億円の融資枠を受け、海外展開を加速させた。また、ワイン卸売業者のEMWは、2019年に22億円の出資を受けている。

日本食レストラン海外普及推進機構では、調理技術向上のためのガイドブック作成や講習会の実施、日本食ニーズ把握、PR活動など、日本食普及に向けて幅広い活動を実施している。

図6-7 飲食店の海外展開時の主な課題

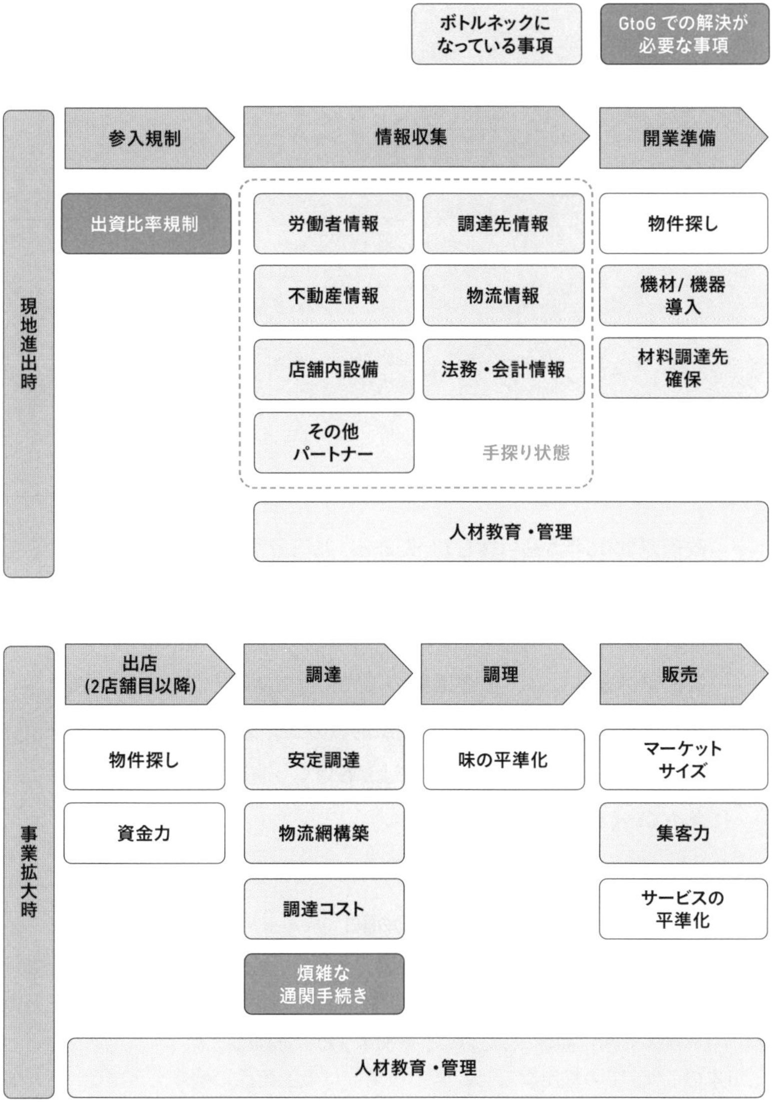

出所）NRI作成

50

5兆円目標

5 trillion Yen target for farm exports

Consultant View

政府が2006年から目指していた輸出1兆円目標は、15年後の2021年に達成され、次なる目標として、2025年の2兆円、2030年の5兆円が設定された。

目標額の達成には、営業活動の拡充だけでは不十分であり、生産体制から輸送体制までを含めた輸出向けのサプライチェーンの構築が必要。さらに、達成期限が今までよりも短く、適切な投資を急ピッチに進めていく必要がある。

語句の解説

日本の農林水産物・食品等の日本の輸出額について、2030年までに5兆円を目指す目標。2020年3月に「農林水産物・食品の輸出拡大のための輸入国規制への対応等に関する関係閣僚会議」にて、政府より発表された。

日本のこれまでの輸出事業は、国内市場向けの生産品の余剰を、輸出できる国だけに行う「プロダクトアウト」のビジネスモデルだった。今後拡大を図る上では、現地が要求するスペック（量・価格・品質・規格）を継続的に生産・輸出するために「マーケットイン」に転換していくことが求められる。

図6-8 5兆円目標

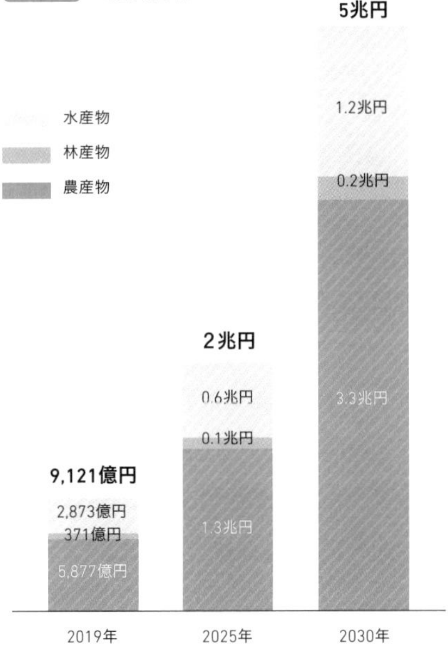

主な品目別目標(億円)

品目	2019年実績	2025年目標	2030年目標
牛肉	297	1,600	3,600
緑茶	146	312	750
牛乳・乳製品	184	304	720
ぶどう	32	125	380
りんご	145	177	279
米	46	97	261
加工食品	3,271	7,127	19,962

出所）農林水産省

図6-9 農産物・食品の各国輸出状況（2020年）

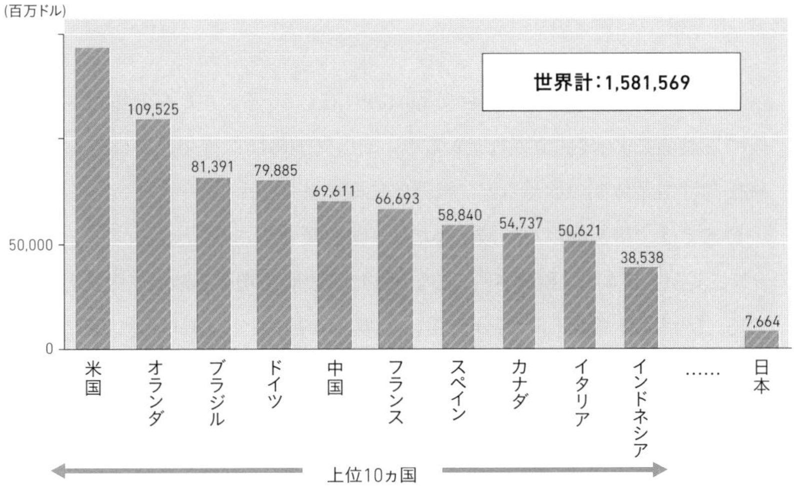

出所）UNCTAD、GLOBAL NOTE

輸出ビジネス拡大に向けた挑戦

輸出拡大に向けた様々な課題について、各関係性を踏まえた検討が必要であるが、求められる取り組みは主に3つある。

1つ目は、中小・零細企業向けのリソース不足への対応である。地域商社を通じた検討機会の創出や輸出手続きが容易な越境ECサイトの構築など、輸出しやすい環境の整備が必要である。

2つ目は、小ロット多品種でもマネタイズできる仕組み構築である。大企業のように、ロットがまとまる場合は現地生産が合理的という見方もあるため、中小・零細を巻き込んだ小ロット多品種でのビジネス拡大が輸出増の肝となる。現地事業者の巻き込みによるマーケット拡大や海外投資と合わせた活動拡大が考えられる。

3つ目は、海外ナレッジを国内還元する仕組みである。単なる情報共有に留まらず、次なるアクションを検討・実行していくチームを組成することも同時に求められる。

輸出を支える団体の存在

諸外国では、輸出を支える様々な団体が存在している。主たる輸出品目中心に、国や生産者によって設立されたもので、輸出先国の情報提供、プロモーション、輸出向け生産体制の改善などに戦略的に取り組んでいる。

日本では、輸出品目が多岐にわたり、輸出額が小さいことから、マーケットインによる輸出体制は整備されてこなかった。政府の掲げる輸出拡大実行戦略にて、品目団体組織化・海外支援体制整備が目標として掲げられており、今後の発展が期待される。

図6-10 加工食品輸出の主な現状と求められる取り組み

		零細企業	中小企業	大企業
リソース強化	ヒト モノ カネ 情報	すべてのリソースが不足していることが多い	一部海外向けに充当できているが、その割合は小さい	リソースを割り当てられていることも多い
ターゲット戦略策定		ほとんどできていない	策定済みだが、戦略が不十分	具体化できている場合もあり
マーケティング活動推進	商品	海外向けの開発は困難	情報不足で開発に苦労	海外ラベル等も一部対応
	価格	戦略的価格設定は困難	長期の価格戦略に至らない	一部戦略的なケースもあり
		輸出ロットが小さく、価格が高止まり		
	流通	輸出商社任せ	輸出商社任せ	海外部門/子会社がリード
	プロモーション	実施できていない	積極的に実施できていない	限られた予算内で対応

【取り組み①】
リソース不足での事業者に対して、一気通貫でサポートする仕組み

【取り組み②】
小ロット多品種でも流通・マネタイズできる仕組み

【取り組み③】
輸出・海外のナレッジを関係各位に還元する仕組み

出所）NRI作成

図6-11 海外の輸出団体

団体名	輸出品	設立経緯
フランス穀物輸出協会	小麦、大麦、トウモロコシ等	小麦、大麦、トウモロコシ等の輸出促進と国内の穀物業界への情報提供を目的に設立
ノルウェー水産物審議会	サーモン／トラウト、タラ、伝統的加工品(魚の塩漬け、干物等)、エビ 等	輸出業者の認可・登録や情報提供、マーケティングの実施を目的に設立
オランダ花き協会	切花・鉢物類	研究開発、生産からマーケティングまでの業界の戦略策定と実行支援を目的に設立
ワシントン州リンゴ委員会	レッドデリシャス、ゴールデンデリシャス等	国内外へのプロモーション、教育、市場開拓を目的に設立

出所）各種公開情報よりNRI作成

51

生産拠点のグローバル化

Globalization of Manufacturing base

Consultant View

日系製造業のグローバル化を背景に、日本製品の高品質イメージは海外でも定着。日本食レストラン拡大や輸出増の中で、日系製造業は現地での競争力強化のため、消費地近くに生産拠点を立地することが重要視され始めている。一方で、食分野は他の製造業に比べ、模倣が容易であったり、流行り廃りの影響が大きく、海外展開を契機に、改めて、ノウハウ流出の防衛策や持続性のある事業ポートフォリオ構築などが求められている。

語句の解説

生産拠点を海外に構築し、海外への販売を広げていくこと。輸出を通じた現地販売を経て、海外拠点を設立するのが一般的なステップである。

輸出のみにとどまらず、海外拠点を設立し、生産・販売していくことには様々なメリットがある。現地ニーズへの対応や輸入規制を回避できる商品企画、また、競争力ある価格設定や鮮度を維持した商品流通、現地型の販促活動等が可能になる。

一方で生産拠点化にはリスクも伴うため、リスク・リターンを踏まえた選択が必要となる。

図6-12 現地生産までのステップ

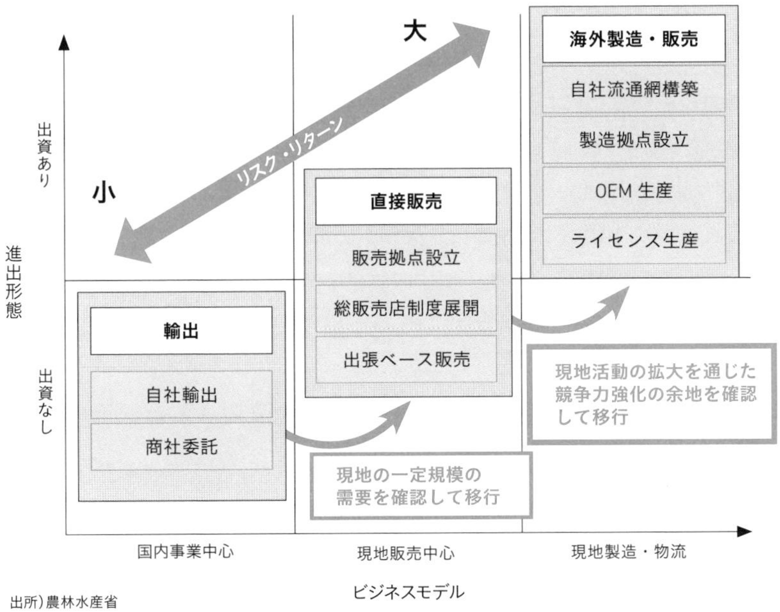

出所）農林水産省

図6-13 海外展開によるメリット

	商品	価格	流通	販促活動
海外展開+輸出	・現地ニーズ（味、ラベル、認証等）に合った生産・製造が可能 ・現地の輸入規制に左右されにくい	・現地生産により輸送費等を削減でき、競争力ある価格設定が可能 ・原材料について、現地調達と日本からの調達を使い分け、高品質かつ比較的安価な商品を投入	・現地生産・製造にて、輸出入工程や流通工程の省略・短縮が可能 ・適切な現地パートナーによる、鮮度を維持した商品供給が可能 ・現地製造により第三国輸出の可能性も広がる	・現地拠点を活用した情報収集が可能 ・現地で直接営業が可能 ・現地消費者に直接情報発信し、日本食文化全体の普及も狙える
	↕	↕	↕	↕
輸出のみ	・現地ニーズに合った製品・商品が存在しない場合がある ・現地輸入規制が存在	・国内での製造コストや輸送コストが比較的高い	・現地に卸すのに時間がかかるため、高鮮度商品の輸出不可	・現地のことがわからず、営業活動が難しい

出所）農林水産省

進まない海外進出

現地製造拠点化によるメリットが大きいのは前述の通りであり、海外進出を目論む企業も多くなっているが、一方で海外展開は一部の大手企業などを除いてあまり進んでいない。

製造業者が目指していく市場は、未開拓の場合が多く、ニーズの顕在化していないマーケットが中心となる。情報収集に手間がかかる上、収集自体が難しいこともあり、マーケットサイズが小さいと判断した結果、現地進出に至らない場合も多い。

また現地進出済みの企業について、商品価格の高さといった販売に関する事項がネックとなり、事業拡大に至らないケースもある。プロモーションや商品開発時におけるニーズ把握や予算捻出、人材確保なども主要課題の一つである。

海外展開を加速する日系企業

一部の企業は海外展開を加速することができている。

アサヒビールは、買収を中心として、海外展開を加速してきた。自社グループの現地ビール製造会社に技術支援を行い、国内製造と同一の品質を担保している。一方で、技術・ノウハウ流出といったリスクが存在し、これらへの対応も求められる。

ホクトは、米国、台湾、マレーシアに現地工場を建設し、栽培から出荷までの全工程を自社で実施している。同社の主要製品(きのこ)は、輸出では鮮度を維持することが難しいため、工場設立により鮮度の良い商品供給を可能としている。一方で、原材料調達における制約や現地従業員管理といったリスクが存在し、これらへの対応も求められる。

図6-14 製造業の生産拠点化に伴う主な課題

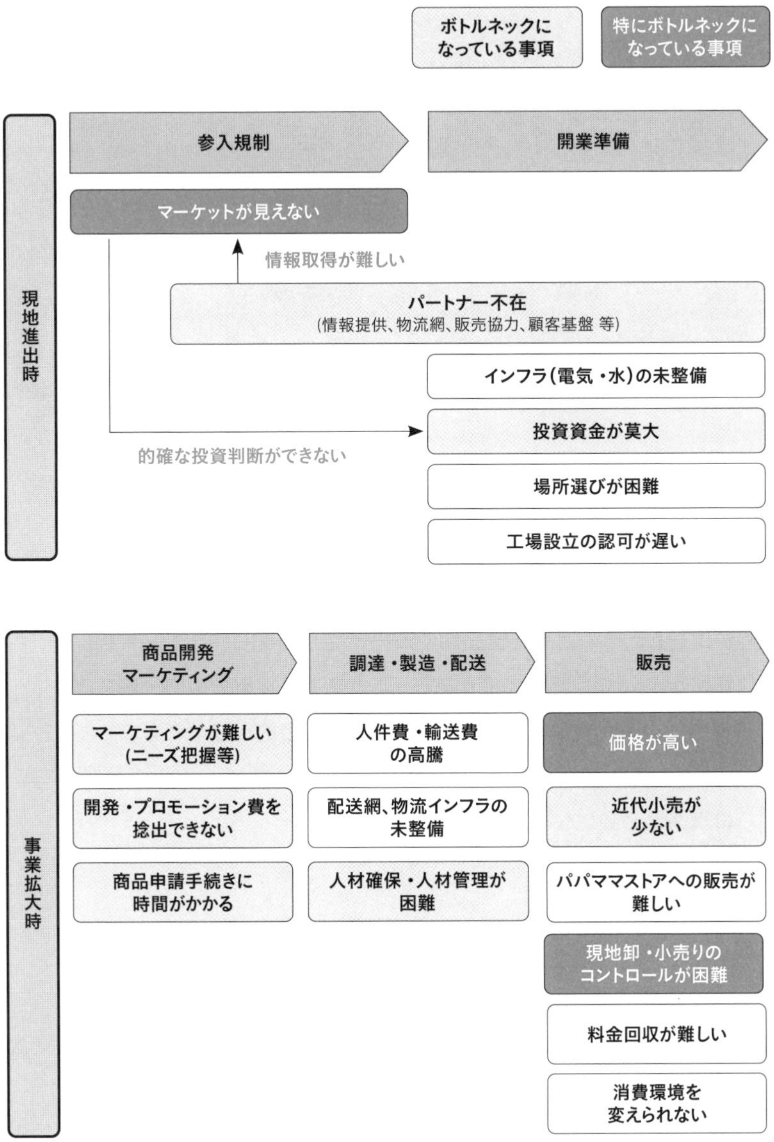

出所）NRI作成

52

異なるディストリビューションモデル

Difference in the Model of Distribution

Consultant View

日本の四季による差異や地域ごとの食文化の違い、さらに南北に長い国土などを背景に、多数の農家や中小メーカーが農産品や食品を出荷し、その流通を食品卸や卸売市場が差配し、リテールで販売されているという流通構造がある。この構造は、製配販の分離による専門性の深化には寄与したが、海外では総合的な競争力も求められており、海外展開においては、従来とは異なるオペレーションモデルの構築が必要になるケースがある。

語句の解説

ディストリビューションモデル

食品の流通構造と各機能を担う企業の構成。

日本では食品卸が主導権を握り、食品というモノの流通（物流）だけでなく、商流や金流を担うことも多い。

海外では事情が異なり、新興国ではメーカーが主導権を握り、卸を巻き込んでいくスタイルだが、先進国では小売が主導権を握り、メーカーを巻き込んでいくスタイルが主流である。そのため、日本企業が海外展開する場合は、適切な現地パートナーとのネットワークや商流構築について検討することが求められる。

図6-15 様々なディストリビューションモデル

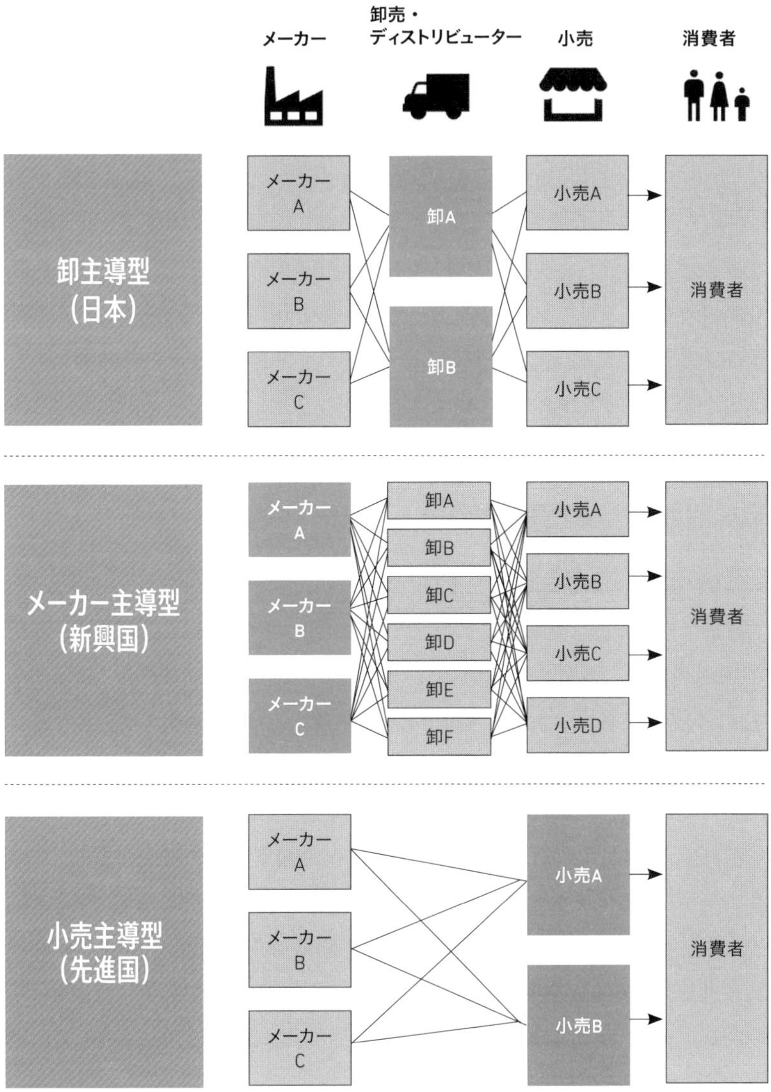

出所）NRI作成

日本独自の流通構造

食の多様性を背景に、日本には多くの農林水産業者や多くの食品メーカー、多くの小売業者が存在し、多対多の流通構造となっている。そのため、煩雑になりがちな受発注管理や、大規模な物流ネットワークの構築、与信管理や売掛回収などを自社で担うのではなく、卸を中心に他者に依存するような有機的な結合が見られることが特徴となっている。卸は商流や物流だけでなく、金流や情報流も担っているため、メーカーや小売業者が海外展開する際には、これらの機能を新たに準備しなければならず、それが海外展開のハードルを高めている。

海外展開における課題

日本の食品企業が新興国に展開した際は、海外との流通構造の違いに起因する様々な課題に直面することがある。例えば、流通構造が多段階かつ複数チャネルに分かれており、非常に複雑である。さらに、FAX・電話・メールなどでのトランザクションが多数発生し、ミスが多発しかねない。また、一次卸や二次卸、物流会社の管理が難しいといった課題も生じている。

特に途上国においては、バリューチェーン上の各事業者の規模が小さいため、資本不足による低い生産性や不十分な設備投資、事業者間の情報ギャップなどの問題も存在する。例えば、各種インフラ整備が進んでいないため、冷凍・冷蔵倉庫が少なく、結果としてコールドチェーンの未整備が頻繁に課題として挙がる。また、個社では解決が難しい、交通渋滞による遅延なども生じている。

図6-16 国内流通構造において卸が果たす役割

	役割	卸がその役割を担う理由
商流	卸・小売営業や受発注管理	販売先や仕入先の数が多く、営業や管理が煩雑になりやすい
物流	物流センター運営、配送	メーカーや小売が自社ネットワークを構築するほどの物流を確保できない
金流	与信管理や売掛金回収、決済	販売先や仕入先の数が多く、与信・資金管理が煩雑になりやすい
情報流	商品や市場、在庫に関する情報提供	販売先や仕入先の数が多く、網羅的に情報を取得することが難しい

出所）NRI作成

図6-17 新興国の流通構造に潜む課題

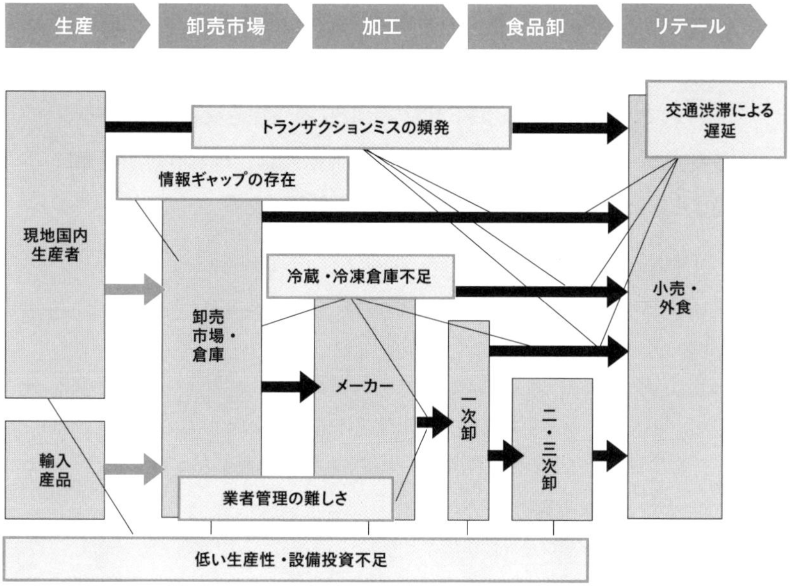

出所）NRI作成

53

ASEANで広がる近代小売

Expansion of Modern Grocery Retailers in ASEAN

Consultant View

過去に、欧米で登場した百貨店やスーパー・ハイパーストアは、現在、経済成長著しいASEAN（東南アジア諸国連合）にて拡大している。それら近代小売は、品揃えの豊富さ・衛生管理の水準など、日本産品含めた新商品を展開する拠点として期待される。

一方で、近代小売の増加には、土地収容や物流網整備などインフラ整備が欠かせない。日本食産業の海外展開は、単なる商品販売に留まらない取り組みであることを理解する必要がある。

語句の解説

近代小売

コンビニ、スーパー、ハイパーストア、ディスカウントストアといった近代的な小売業を指す。一方で、パパママストアと呼ばれる家族経営の小規模な商店を伝統小売という。北米や欧州などの先進国を中心として近代小売が広がっている。

ASEANにおける近代小売の広がり

ASEANでも近年、近代小売が広がりを見せている。人口増加などを背景に食品関連業の市場が拡大していることに加え、小売業全体に占める近代小売の割合も年々増加しており、今後さらなる増加が見込まれる。

図6-18 近代小売・伝統小売の割合（2021年、金額ベース）

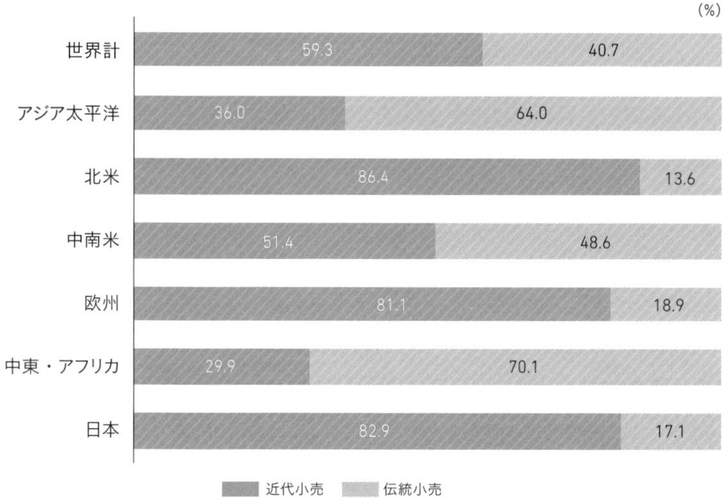

出所）ユーロモニター

図6-19 小売業全体に対し近代小売の占める割合推移

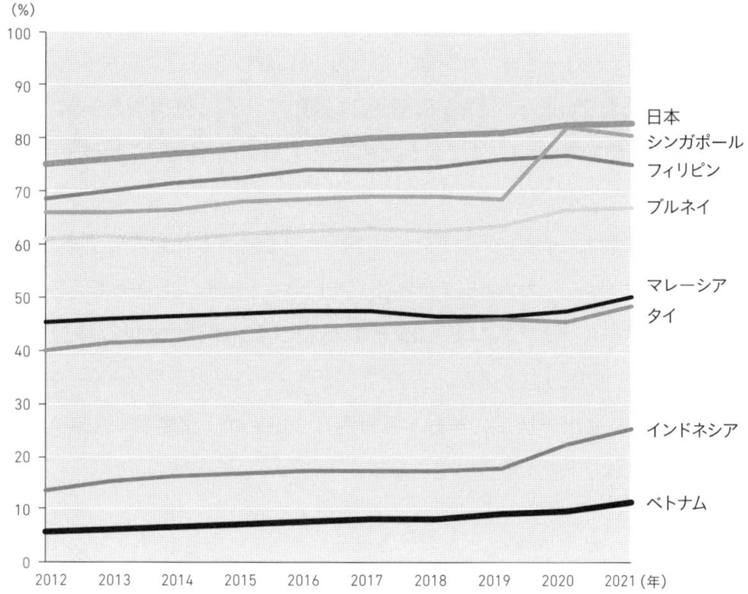

出所）ユーロモニター

近代小売の成長と成長阻害要因

近代小売の成長過程では様々な課題が生じ、特に大きいものとして、物流環境が挙げられる。物流環境と近代小売の成長には相関関係が見られ、ASEANを中心とした近代小売が成長中の国では、物流がネックとなりその成長が阻害されているところが多い。

特にコールドチェーンに関して未整備の場合が多く、主要課題の一つである。配送段階における野菜の萎れや、小売店バックヤード未整備による冷蔵・冷凍製品の品質悪化など、商品の傷み・廃棄が発生しており、その改善が求められている。

ASEANへの展開事例

昨今では、近代小売で販売促進を強化し、商品普及に努める事業者も多い。韓国系メーカーのオリオンは、近代小売における商品大量陳列や売り子の配置といったプロモーションを積極的に展開している。オリオンのチョコパイは、ベトナムの祭祀用の食べ物として使われるほどの人気商品となり、高いシェアを誇っている。

日系企業では、イオングループが2011年にASEAN本社を設立するとともに、2014年にベトナム、カンボジアに初出店を行うなど、拡大を図っている。セブン&アイ・ホールディングスは、コンビニエンスストア事業におけるエリアライセンシー展開を主力としているが、一方で、総合スーパー事業やスーパーマーケット事業では未進出の状況にある。百貨店については、髙島屋がASEAN諸国を中心としてエリア拡大を図っている。

図6-20 近代小売の成長と物流環境

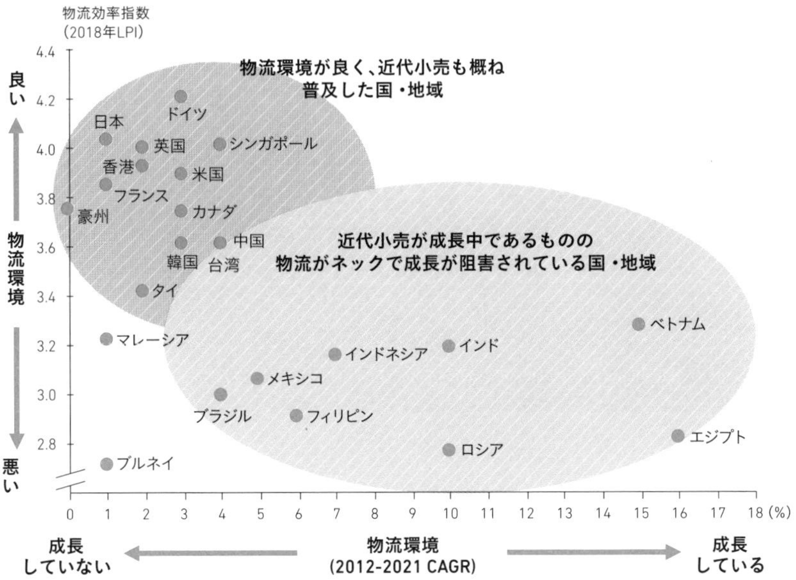

出所)各種公開情報よりNRI作成

図6-21 大手日系小売りのASEAN展開状況

企業名	主な事業内容	ASEAN進出国数	進出店舗数	主な展開状況
イオングループ	総合スーパー	5	46	・1985年:マレーシアに海外1号店出店 ・2011年:イオングループアセアン本社設立 ・2014年:ベトナム、カンボジアに出店 ・2015年:インドネシアに出店
	スーパーマーケット	5	101	
	ショッピングセンター	4	39	
セブン&アイ・ホールディングス	コンビニエンスストア(セブン-イレブン)	5	17,000以上	・エリアライセンシーにて展開
	総合スーパー(イトーヨーカドー)	0	0	・ASEANへの展開なし(アジアでは中国にて展開)
三越伊勢丹ホールディングス	百貨店	2	6	・1972年:シンガポール出店 ・1990年:マレーシア出店
髙島屋	百貨店	3	3	・1993年:シンガポール出店 ・2016年:ベトナム出店 ・2018年:タイ出店

出所)2022年7月時点の各社公開情報を基にNRI作成
セブン-イレブンの店舗数のみ2020年1月時点の公開情報

54

日式卸売ビジネスの海外展開

Oversea Expansion of Japanese-style Wholesale Business

Consultant View

日本の食品卸の国内における強みは“総合力”であるが、海外の場合、その“総合力”へのニーズが顕在化しているとはいえない。

日本の卸の総合力とは、機能分解すると、商流・金流・物流・情報流・SCMなどであり、個別機能では海外展開の余地は大いにある。そのため、食品卸の海外展開においては、既存ビジネスの横展開にこだわらず、国や顧客別で個別サービスをビジネス化する新規事業創造の視点が重要である。

語句の解説

食品卸ビジネス

食品卸は、メーカーから加工食品などを購入し、小売・外食事業者に販売するビジネスである。日式食品卸には、三菱食品、日本アクセスをはじめとする商社系プレーヤーと、国分グループ本社や加藤産業といった独立系プレイヤーが存在し、市場規模は販売額ベースで52.9兆円（経済産業省『商業動態統計調査』）となっている。

他方、国内の少子高齢化の進行や、メーカーの海外展開を受け、日式食品卸も海外展開を進めている。2010年代から大手を中心に中国やシンガポール、マレーシア、ベトナムなどの東南アジア地域に進出しており、海外事業を拡大している状況である。

図6-22 日式食品卸の海外展開事例

企業名	進出国・地域	事業内容・展開方法
三菱食品	中国	・酒類・菓子・食品の輸入、海外からの食材・加工原料の調達等の事業を展開。 ・中国・ASEANでの海外展開を成長戦略の一つとして実施。2015年、中国に初の海外法人を設立。
日本アクセス	中国・香港	・中国・上海の現地企業に資本参加し、商品調達、代金決済、品質管理、物流事業を展開。 ・香港の大手外食企業の国際天食と上海の外食向け食品調達会社のJMUとの業務提携を発表。日本食輸出取引、業務用食品共同開発、食材サプライチェーンの構築、中国市場における外食コールドチェーン構築の4つの分野で協業を進める計画。 ・現在世界14カ国・地域に日本食材を輸出。
国分グループ本社	中国、ベトナム、 ミャンマー、マレーシア、 シンガポール	・中国、ASEAN地域を中心に海外事業を展開。2010年より中国とベトナムを中心に物流事業、卸売事業を展開し、2013年には、業界に先駆けてミャンマーへも進出。 ・クオリティの高い日本型卸機能を確立、発揮することにより日系企業の事業をサポートするとともに、現地の流通の発展に貢献。 ・現在、海外60カ国へ約1,000メーカーもの日本食品・酒類を輸出。
加藤産業	中国、ベトナム、 マレーシア、シンガポール	・2007年、中国の食品卸事業に進出(広州華新商貿有限公司に出資)。2013年にはベトナム、2015年にはシンガポールに進出。 ・2012年に海外食品卸事業に関する投資会社(加藤SCアジアインベストメント)を設立。近年はベトナム(2016年、2021年)及びマレーシア(2018年、2020年)で現地企業の買収を実施。

出所)農林水産省、各社ウェブサイト

商流・金流機能

小売業者や外食店にとって、仕入先の管理や仕入先への発注は日常的な業務である一方、仕入先の数や商品数が多いため煩雑な業務になりがちである。

日式食品卸は一括して仕入先管理や発注業務を担うことができる点が強みになり得る。また、近年はBtoBの受発注プラットフォームや、請求・集金・消込・督促といった決済に関する業務のオートメーションを行う請求管理ロボを提供する企業も現れており、商流・金流機能の高度化も想定される。

物流・情報流・SCM機能

食品業界は、多段階の流通構造にあるため、メーカー側とリテール側で情報ギャップがあり、物流や在庫管理などのサプライチェーンが最適化されていない。この状況は、日本だけでなく海外にも存在する。そこで、日式食品卸は、横断的に需給情報を収集し、需給予測を行うことで、必要な商品供給・消費を把握し、結果としてサプライチェーン全体の最適化を推進することに貢献できる可能性がある。

海外展開への示唆

現地企業を対象に上記機能を提供していくことも考えられるが、現実的には現地での流通網構築やパートナー探しに苦慮している日系食品企業を対象にしたビジネス機会が大きいと想定される。日式食品卸は、日系企業が求める品質・コストや納期などの水準を熟知しているため、海外の食品卸よりもニーズに即した形で各機能を個別サービスとして提供できる可能性がある。

図6-23 日式食品卸の提供する個別サービス例

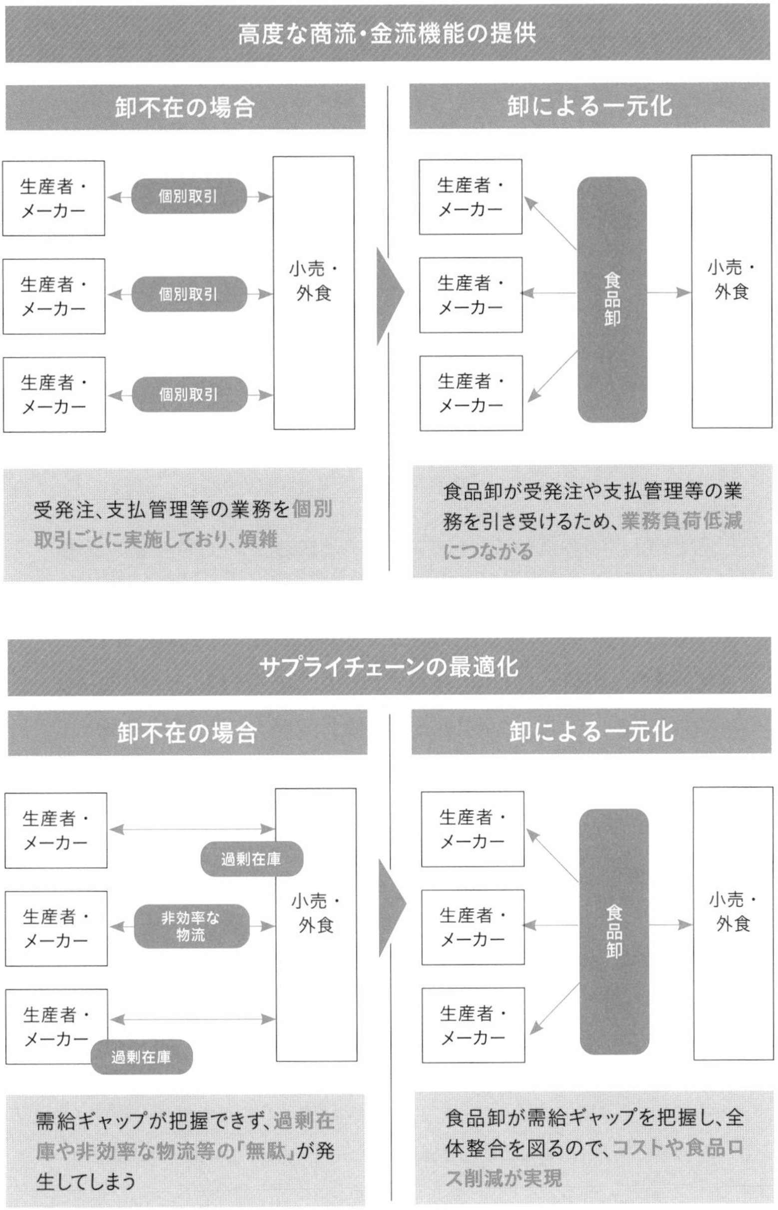

出所）NRI作成

55

海外進出の落とし穴

Pitfalls of Oversea Expansion

Consultant View

社会インフラの違いやビジネスを進めるにあたっての商習慣、人種の違い、さらには、法律・政治関連の対応など、海外展開の障壁となり得る事項は多岐にわたる。また、海外展開の経験がある企業であっても、それらの落とし穴への理解や対策について、個人レベルのノウハウにとどまってしまうケースも多い。海外展開への取り組みが増えていくと予想される中で、改めて海外展開における落とし穴の範囲を認識しておくことが重要である。

語句の解説

海外展開では、現地に生産・販売拠点を設け、現地で事業を行うため、多くの障壁が存在する。

海外展開における取組領域は、「海外展開戦略の検討」と、「海外での事業活動」「経営管理」の大きく3つがあり、それぞれに落とし穴が潜んでいることに留意したい。

海外展開時には事業を前に進めることに集中してしまいがちだが、想定される落とし穴を知り、対策しておくことも同様に重要である。また、個人ではなくチーム・会社全体で様々な落とし穴への認識を揃えておくことが、今後の成長には重要である。

図6-24 海外展開時の落とし穴の例（メーカーの場合）

海外展開戦略の検討	情報収集	事業環境や法規制・知財制度の調査が不足し、海外展開の機会を活かせなかった
	セグメンテーション	人種の違いを考慮しておらず、消費者ニーズを把握しきれなかった
	ターゲティング	中間層を狙って製品を展開したが、価格帯が合わずに売上がふるわなかった
	ポジショニング	現地に類似企業があったが、製品を差別化せずに展開し、売上がふるわなかった
	提携先の選定	商習慣の違いから、提携先候補との交渉が難航し、事業体制をうまく組めなかった
海外での事業活動	商品企画	市場分析が不十分だったため、現地ニーズ・食習慣に合う製品が提供できなかった
	原料調達	現地の高品質な代替品の存在を知らず、割高な日本産の原料を使ってしまった
	製造	国内同等の品質で製造できる提携先が少なく、高品質な製品を作れなかった
	物流	納期遵守や温度帯等の観点で高品質な物流サービスを提供する企業が少なかった
	販売	日本食文化が根付いておらず、既存商品に対する消費者ニーズが存在しなかった
経営管理	人事・提携先	現地で優秀な従業員を獲得しづらく、事業拡大が難しかった
	情報	法規制の変更や政治情勢の変化等の外部情報を見逃し、適切な対応がとれなかった
	技術・ノウハウ	従業員や提携先から自社の重要な技術・ノウハウが流出してしまった
	資金	自社だけでは現地の会計制度や税務に対応できなかった

出所）NRI作成

現地企業との連携の重要性とその落とし穴

現地企業との提携時には、言語やコミュニケーションのスタイル、商習慣等が異なることにより、提携がうまく進まないことがある。この場合、時間をかけて現地企業と議論を尽くすことが対策として考えられる。商習慣や文化が違うのは現地企業にとっても同じであり、自社の戦略や強み、経歴等をしっかり丁寧に伝えることで提携の最初の一歩を踏み出すことができる。

例えば、実際に海外展開に成功した食品メーカーでは、ものづくりにおいて重要な価値観やビジョンについて相互に理解するため、年単位で腰を据えて会話・議論することが必要と考え、現地企業の経営層と対面して自社の意図や考えを相互に伝える機会を複数回設けた。その後、自社の海外戦略に照らして本当に付き合うべきかをじっくりと判断し、提携を決断したという事例がある。

現地の法規制把握の重要性とその落とし穴

海外には独自の法規制が存在し、日本国内の法規制とは大きく様相が異なることがある。この場合、事前に関連する法規制やその変更情報を調査し、対応策を検討することが必要である。

法規制の種類は多岐にわたり、添加物や輸入、食品安全規制といった食品・農業に直接関係するものだけでなく、外資参入やサステナビリティ認証、広告表示関連の規制等もウォッチすることが求められる。どのような法規制が実際に問題になるかは展開国・地域や業種によって異なるため、現地の専門家や知見のあるパートナーの活用も有効な対策となりうる。

図6-25 提携企業との関係構築・活用のコツ（食品メーカーの例）

提携先選定	海外展開に関する自社の意図や考えをお互いに伝え、自社の戦略に照らして本当に付き合うべきかを判断した。 その際、自社のビジョンや価値観等、時間をかけて互いを理解する努力を行った。
提携・出資	提携・出資を決めた後、現地におけるビジネスの連携・統合作業を行う際に、提携企業の実力（有する知見・ノウハウや販路等）を見極め、リスクを把握した上で、必要な対策を講じた。
事業拡大	事業を行っていく中で定期的にコミュニケーションを取り、経営・事業に関する議論を行った。 成長戦略や潜在的なリスク要因が潜んでいないかを現地の提携企業とともに検討した。

出所）NRI作成

図6-26 海外における法制度の例

事業活動	海外展開の検討	☑ 外資参入規制 ☑ 業法上のライセンス ☑ 土地取得規制
	商品企画・製造	☑ 添加物規制 ☑ 輸入規制 ☑ ハラルやヴィーガン等の認証
	流通・物流・販売	☑ 食品安全規制 ☑ 表示規制 ☑ 広告表示規制
経営管理		☑ 会計規則・税法 ☑ 労務規制 ☑ 就労・ビザ関連の規制

出所）NRI作成

第7章

波及する
世界的潮流

第7章　波及する世界的潮流

地球規模の問題解決と向き合う

資本主義を原動力とした経済発展やグローバル化により、私たちの生活は豊かになったと言える。地球上の様々な食材が近所のスーパーで安価に手に入るようになり、自炊が億劫《おっくう》でも、一歩外に出れば外食・中食の選択肢が多数存在する。

一方で、これらの豊かさを実現させた現代社会も完全無欠ではなく、近年ではその負の側面とも言える地球温暖化を始めとした環境問題やサプライチェーンにおける人権問題等が表出している。

生産段階では、自然の力を無駄なく、かつ、持続可能な形で活用する仕組みへシフトすることが求められる。流通段階においても、自然の恵みを無駄にすることなく、さらには、環境負荷が低い形で消費者にお届けすることが求められる。

ただし、こうした問題に対応していくには、多くの場合追加の経営資源、特に金銭的コストを要する。国内のフードバリューチェーンにおいては、多くのプレイヤーが中小企業であるため、対応に必要な経営資源の確保がボトルネックとなることが危惧され、いかに企業の収益とこれらの目標・取り組みを結びつけることができるかが重要となる。

本章では、これら地球規模の問題の解決に向け、大きなうねり、潮流となりつつある目標・取り組みに関するキーワードを説明している。

Chapter. 7

取り扱いテーマ	背景となる事業環境の変化
SDGs 食品ロス 昆虫食	2015年第70回国連総会で発表された持続可能な開発目標（SDGs）には、「海の豊かさ」「陸の豊かさ」「安全な水」「飢餓をゼロ」など、食に関わるテーマが多数盛り込まれている。それらを受けて、様々な新しい試みが始まっている。
エシカル消費 フェアトレード運動	地球環境に優しい消費活動、社会問題の解決に貢献する消費活動を志向する消費者が徐々に増えている。こうした消費者の目は、農業の現場である農村部へ向けられ始めており、都市化が進む中で、改めて、農村部と都市部の新たなつながりを生み出していく原動力になる可能性を秘めている。
カーボンニュートラル Farm to Fork 戦略 みどりの食料システム戦略 GAP／HACCP	持続可能な社会の実現に向けた食分野としての目標やアクションが、政府主導で徐々に具体化されつつある。それらの政策はフードバリューチェーン目線で語られているケースが多く、その実現にあたっては、製・配・販のそれぞれの事業者が連携していくことが欠かせない。他方、これらの取り組みが世界全体、業界横断での共通認識として昇華された際には、日本の食産業のグローバル展開の追い風の一つになる可能性を秘めている。

56

SDGs

Sustainable Development Goals

Consultant View

SDGsの17の目標には、食関連項目がいくつも含まれている。「海の豊かさ」「陸の豊かさ」「安全な水」「飢餓をゼロ」など、農林水産業の現場から家族・個人の食事までが範囲であり、裏を返すと世界全体で見た際に食の課題が多いことを意味する。食の特徴の一つは、サプライチェーンを様々な企業の連携で成り立たせていることであり、SDGsについて1社単独での取り組みは効果が出にくく、単なるパフォーマンスに留まりがちである。そのため消費者までも巻き込んだSDGsのサプライチェーンを業界として築いていくことが重要である。

語句の解説

持続可能な開発目標(SDGs)とは、ミレニアム開発目標(MDGs)の後継として、2015年第70回国連総会で採択された「Transforming our world: the 2030 Agenda for Sustainable Development（我々の世界を変革する：持続可能な開発のための2030 アジェンダ)」に記載された、2030年までに持続可能でより良い世界を目指す国際目標のこと。17の目標(ゴール)と169のターゲットから構成されている。

図7-1 SDGsゴール一覧

ゴール 1	あらゆる場所のあらゆる形態の貧困を終わらせる	ゴール 10	各国内及び各国間の不平等を是正する
ゴール 2	飢餓を終わらせ、食料安全保障及び栄養改善を実現し、持続可能な農業を促進する	ゴール 11	包摂的で安全かつ強靱(レジリエント)で持続可能な都市及び人間居住を実現する
ゴール 3	あらゆる年齢のすべての人々の健康的な生活を確保し、福祉を促進する	ゴール 12	持続可能な生産消費形態を確保する
ゴール 4	すべての人々への包摂的かつ公正な質の高い教育を提供し、生涯学習の機会を促進する	ゴール 13	気候変動及びその影響を軽減するための緊急対策を講じる
ゴール 5	ジェンダー平等を達成し、すべての女性及び女児の能力強化を行う	ゴール 14	持続可能な開発のために海洋・海洋資源を保全し、持続可能な形で利用する
ゴール 6	すべての人々の水と衛生の利用可能性と持続可能な管理を確保する	ゴール 15	陸域生態系の保護、回復、持続可能な利用の推進、持続可能な森林の経営、砂漠化への対処、ならびに土地の劣化の阻止・回復及び生物多様性の損失を阻止する
ゴール 7	すべての人々の、安価かつ信頼できる持続可能な近代的エネルギーへのアクセスを確保する	ゴール 16	持続可能な開発のための平和で包摂的な社会を促進し、すべての人々に司法へのアクセスを提供し、あらゆるレベルにおいて効果的で説明責任のある包摂的な制度を構築する
ゴール 8	包摂的かつ持続可能な経済成長及びすべての人々の完全かつ生産的な雇用と働きがいのある人間らしい雇用(ディーセント・ワーク)を促進する	ゴール 17	持続可能な開発のための実施手段を強化し、グローバル・パートナーシップを活性化する
ゴール 9	強靱(レジリエント)なインフラ構築、包摂的かつ持続可能な産業化の促進及びイノベーションの推進を図る		

出所)国際連合広報センター

SDGs達成に向けた連携の必要性と現状

フードバリューチェーン(以下、「FVC」という)においてSDGsを達成するためには、FVCに関わる主体、具体的には国際機関などの超国家組織、国家、企業、市民団体、市民などの主体的な取り組みが欠かせない。中でも、FVCを構成する企業の果たす役割は非常に大きいと言える。

ただし、多くの日本企業は現状、統合報告書などにおいてSDGsと自社事業領域・サービスとの対応関係を提示するといった活動に留まっている。

企業の取り組みの方向性

今後はSDGs起点での事業検討や経営・事業計画への組み込みなど、より高次・本質的な対応が求められる。取り組みの方向性としては、人権問題に配慮した調達の実施など、コストをかけてでも既存のバリューチェーンの各機能をSDGs達成に求められる水準に変更するといった「守り」の取り組みと、SDGs起点での新規事業の創造など、収益の向上を目指す「攻め」の取り組みの2種類が存在する。

「攻め」の取り組みに関する先進的な事例としては、チルド品の消費期限の短さ・食品ロス発生の改善を目指した冷凍ミールキットの開発・販売(日本アクセス)や、規格外農産品の販売(コープデリ生活協同組合連合会)が挙げられる。

コストアップが避けられない「守り」の取り組みだけでは営利企業としての限界があるため、上記のような「攻め」の取り組みを並行して実施し、対応に必要な経営資源を獲得することが重要である。

図7-2 SDGsへの取り組みレベルと日本企業の取り組み状況

取り組みレベル		概要
レベル1	**課題の認知**	トップメッセージ等にて、SDGsに触れている（認知しているレベルで、取組意思には言及していない）
レベル2	**取り組み姿勢の表明**	・トップメッセージ等にて、SDGｓへの取組意思を表明している
レベル3	**事業領域との関係性提示**	既存の事業領域とSDGsの目標との関連性を整理したり、具体的に製品・サービスとの紐付けを行っている
レベル4	**意図を持ち取り組み実施**	・経営意図を持って、何らかの新たな取組を実施している （ただし、事業の枠組みとして組み込まれていない） 例：SDGs起点での事業検討等
レベル5	**事業プロセスへ組み込み**	・事業の枠組みに組み入れて実行している（一部〜全体までの幅はあり）例：経営計画に組み込み、営業ツールとして活用等

多くの日本企業の現在の視野（レベル1〜3）

今後求められる取り組み（レベル4〜5）

出所）NRI作成

図7-3 企業の取り組み方向性

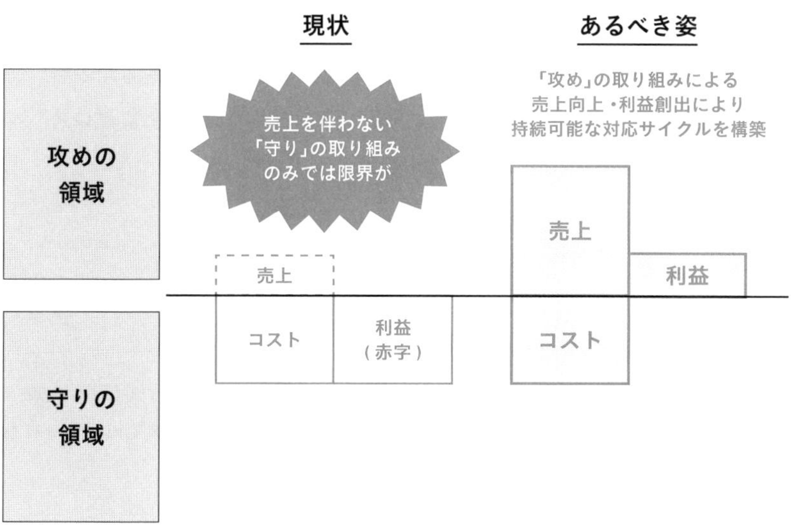

出所）NRI作成

57

食品ロス

Food Loss / Food Waste

Consultant View

食品廃棄の削減は過去より利益率向上の観点から個社単位で実施されてきたが、これからは、社会全体の取り組みとしてより大きなものにしていくことが求められている。しかし、消費者の食品の購買行動は価格や鮮度などをきっかけとした衝動買いに、さらに川上の農業は日々の天候に左右され、ロス削減を含めた計画的な事業展開には難しさもある。一方で、経済成長が停滞し、消費者の食品消費の割合(エンゲル係数)は上昇傾向にある。家計を入り口とした食品ロス削減が目先のトレンドとして広がりを見せて始めている。

語句の解説

食品ロスとは、「本来食べられるのに捨てられてしまう食品」を指し、さらに発生段階に応じて事業系食品ロスと家庭系食品ロスに分けられる。

なお、似た用語として食品廃棄物が挙げられるが、これは食べられる部分も食べられない部分も含まれた用語であり、すなわち食品ロスは食品廃棄物に内包される概念と言える。

図7-4 食品廃棄物・食品ロスの関係と発生量（2020年度推計）

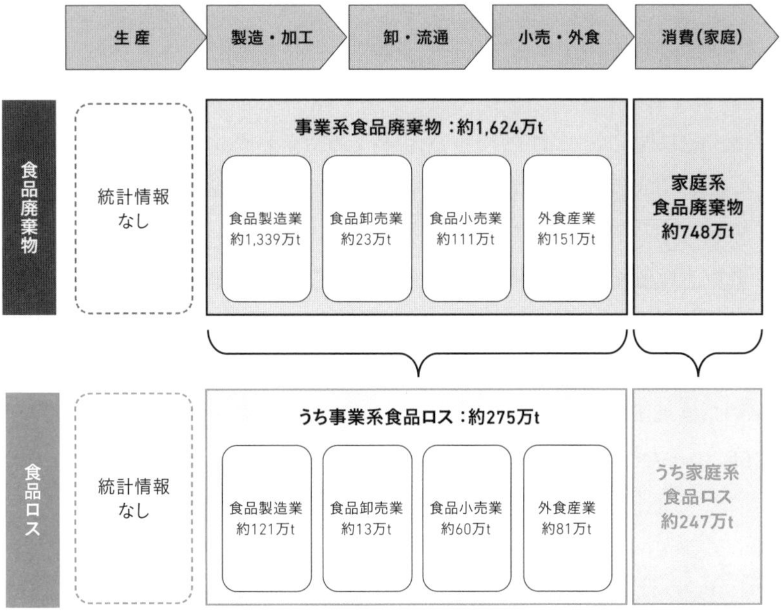

出所）農林水産省、環境省の公表情報を基にNRI作成

図7-5 食品ロス発生量推移

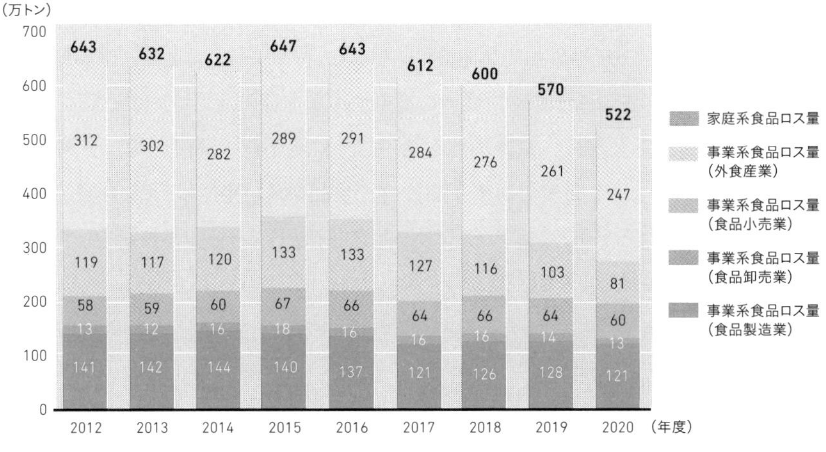

出所）農林水産省

食品廃棄物の削減目標と関連法

2019年度に家庭系・事業系それぞれ261万トン、309万トン排出されている食品ロスに関して、国は2018年7月に基本方針を発表した。事業系廃棄物については2000年度比で2030年度までに半減させる目標を設定し、家庭系についても半減に向けて取り組みを推進するとしている。

また、食品廃棄物・食品ロス削減に当たっては、食品リサイクル法、食品ロス削減推進法がそれぞれ2000年、2018年に制定された。食品リサイクル法においては飼料化など再生利用の目標設定や定期報告の義務化などが、食品ロス削減推進法においては食品ロス削減月間（10月）の設定や関連知識の普及・啓発といった施策、会議体の設置などが定められている。

食品ロス削減に向けた取り組み

食品ロスは生産から消費に至るまでフードバリューチェーンの各段階で発生しているため、その削減に向けては各段階、そしてフードバリューチェーン全体での連携した取り組みが重要となる。削減に向けた具体的な事例としては、生産現場における規格外品の活用や、いわゆる「1/3ルール」など商習慣の見直し、私たちの日常生活における食べきりの推進や冷凍保存の活用が挙げられる。また、近年では上記に加え、気象情報を活用した需要予測の高度化や、予測情報のサプライチェーン上での事業者間共有、食品ロスが発生しそうな飲食店と消費者をつなげるフードシェアリングサービスなど、IT・デジタル技術を活用した取り組みも登場してきている。

図7-6 食品ロス量の削減目標

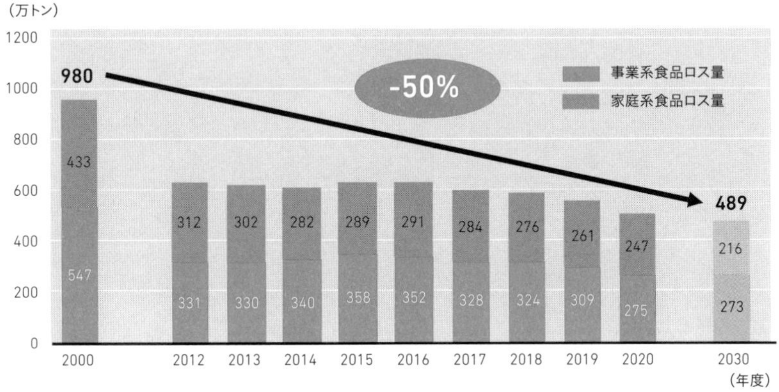

出所)農林水産省

図7-7 食品ロス削減に向けた取り組み例

	取組例
生産	・規格外品の直売所での販売 ・規格外品を活用した加工品の製造　等
製造・加工	・小売や卸と連携した商慣習の見直し(賞味期間の1/3までに小売への納品が求められる1/3ルールの緩和や賞味期限の年月表示等) ・食品ロス削減につながる容器包装の開発・活用 ・気象情報等を活用した需要予測の高度化・関係者間の共有　等
卸・流通	・製造・加工業者や小売と連携した商慣習の見直し ・気象情報等を活用した需要予測の高度化・関係者間の共有　等
小売・外食	・消費者への啓発、食べきり・持ち帰りの推進 ・需要予測の高度化、需要に見合った販売の推進 ・フードバンク/フードシェアリングとの連携　等
消費(家庭)	・食べきりの推進、冷凍保存の活用 ・フードバンク/フードシェアリングの活用

出所)NRI作成

58

昆虫食

Insect Food

Consultant View

昆虫は、食文化の1つとして、過去より特定の地域や人々の間で食されてきたが、世界的な人口増加を契機としたタンパク源不足の懸念から、改めて食べ物として注目が集まっている。

他方、昆虫を食べることに抵抗感を感じる人々も多数存在する。昆虫食が大きな市場を急速に築くという前提は置かず、消費者が抵抗なく食べられる商品の開発やフードロスや、健康意識と絡めた普及啓発活動など、様々な工夫を検討・検証していく必要がある。

語句の解説

昆虫食とは、昆虫を調理・加工して食べることである。日本では、大正時代にハチ、カミキリムシ、カイコなど50種類以上の昆虫が日常的に食べられていたという記録があり、現在でもイナゴの佃煮などが生産・販売されている。

国連食糧農業機関(FAO)が2013年5月に発表した報告書によると、現在、全世界で約20億人が1,900種類を超える昆虫を食べている。2015年9月に開催された国連サミットでは昆虫が貴重なタンパク源として推奨され、昨今さらに注目を集めている。

図7-8 世界で食されている主な食用昆虫の内訳

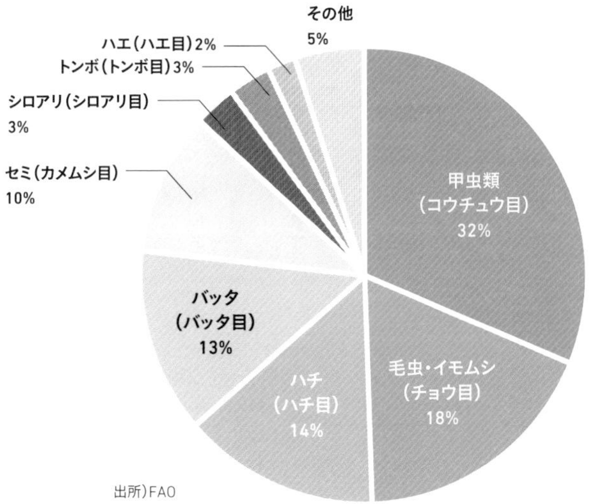

出所)FAO

図7-9 日本での世代別昆虫食経験割合(食べたことがある/ない)

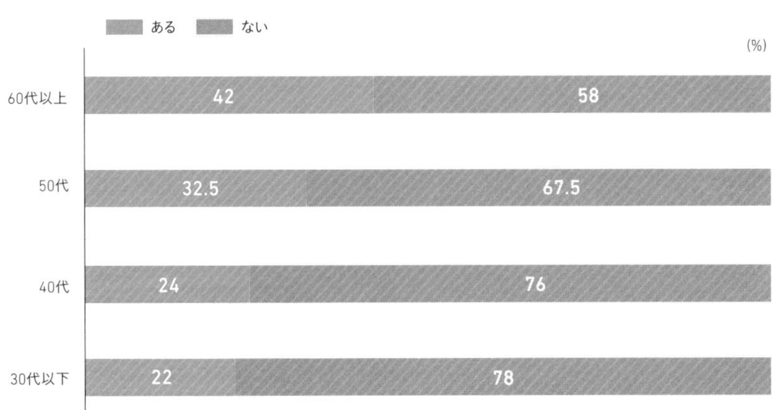

出所)日本トレンドリサーチ

環境に優しい昆虫食

昆虫食は家畜に比べ、生産のために水や土地を必要としない。牛肉を1kg生産するためには約10kgの飼料が必要となるが、コオロギの場合、約2kgと効率良く生産可能である。また温室効果ガスの排出量も少なく、タンパク質が良質で栄養価も高い。採集も容易であり、さらに養殖用の設備も安価に設置可能である。昆虫自体が小さいため、食材への加工もしやすく、経済的な側面からの利点も様々ある。

昆虫食の市場拡大に向けた取り組み

一部の愛好家や一部地方での消費にとどまっていた昆虫食市場だが、昆虫食は生産過程で環境へ与える負荷が少ないことから、2021年にぐるなびの「今年の一皿」にノミネートされた。日本能率協会総合研究所によると2025年には世界の昆虫食市場は約1,000億円となる見込みである。現在、国内においても昆虫を使った商品開発が、ベンチャー企業だけでなく大企業でも始められている。

昆虫食を販売するベンチャー企業の一例として、ANTCICADAからは「コオロギビール」や「タガメジン」、グリラスからは「コオロギクッキー」、TAKEOからは「ミズアブパフ」などが販売されており、原材料として使用されている昆虫も多様である。2020年には良品計画がグリラスと共同開発を行い、昆虫食の第1弾として「コオロギせんべい」、第2弾として「コオロギチョコ」の販売を開始した。EUでは2018年に食品としての承認を受け、昆虫食は栄養価も高いため、今ではスーパーに並ぶほど浸透している。今後も新商品の開発により、昆虫食が拡大していくことが予想される。

図7-10 昆虫食の環境負荷

	環境負荷			
	排出温室効果ガス ※体重1kg当たり	必要エサ量 ※体重1kg当たり	必要な水の量 ※たんぱく質1g当たり	必要な土地の広さ ※たんぱく質1kg当たり
牛	2,850g	10kg	112L	254㎡
豚	1,130g	5kg	57L	63㎡
鶏	300g	2.5kg	34L	51㎡
昆虫	2g	1.7kg	18L	23㎡

出所）国連食糧農業機関（FAO）

図7-11 昆虫食に取り組む企業

企業名	原材料となる昆虫	主な商品
ANTCICADA	・コオロギ ・タガメ ・イナゴ	・コオロギビール ・コオロギラーメン ・コオロギ醤油 ・タガメジン ・イナゴラー油　等
グリラス	・コオロギ	・コオロギパウダー ・コオロギクッキー ・コオロギカレー　等
TAKEO	・タガメ ・イエバエ ・ミズアブ	・タガメサイダー ・ちりめんマゴット（イエバエ） ・ミズアブパフ ・カイコカレー　等
良品計画	・コオロギ	・コオロギせんべい ・コオロギチョコ

出所）各種公開情報よりNRI作成

59

エシカル消費

Ethical Consumption

Consultant View

地球環境や社会問題に関する情報と触れる機会が増え、消費者にエシカル消費・倫理的消費の意識が芽生え、食品ロスや昆虫食などといった新しいトレンドが登場した。

他方、農村部などでは、人とのつながりを原動力に、ご近所農家から規格外野菜を分けてもらう、作った料理をおすそ分けするといった今でいう食品ロス削減の取り組みが過去より行われてきた。

活動の原点を地球環境や社会問題に据えているエシカル消費や環境に配慮した食品の拡大に向けては、希薄化してきている社会と個々人のつながりを強く訴えかけることが重要と考えられる。

語句の解説

エシカル消費は、「消費者それぞれが各自にとっての社会的課題の解決を考慮したり、そうした課題に取り組む事業者を応援しながら消費活動を行うこと」と消費者庁に定義されており、特にSDGsのゴール12に関連する取り組みを指す。

食産業における具体例としては、サプライチェーンにおける人権問題を考慮したフェアトレード商品や環境に配慮した食品の購入、地産地消などが挙げられる。

図7-12 エシカル消費の対象と消費活動例

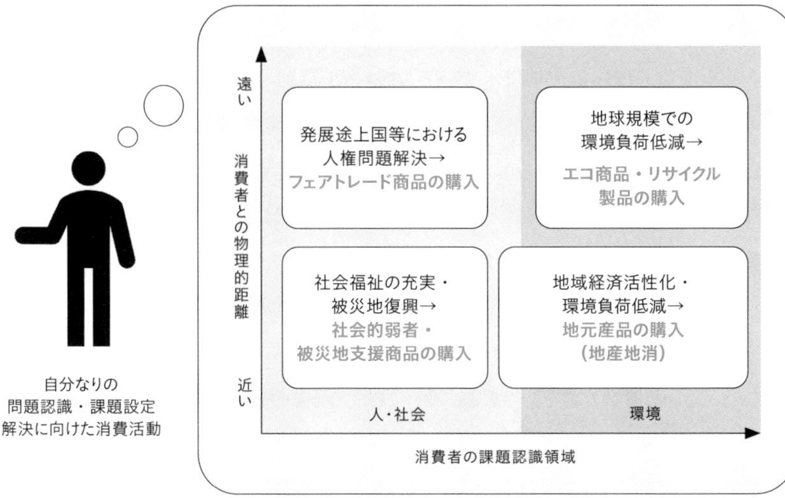

出所）NRI

図7-13 「エシカル消費」の認知度推移

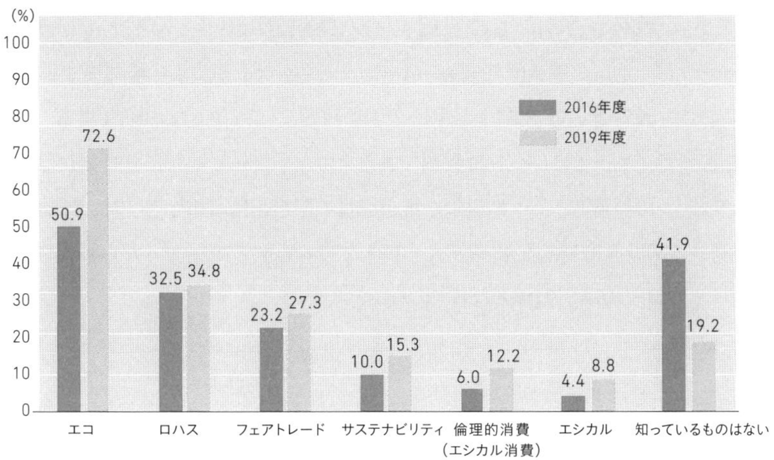

出所）消費者庁

日本の消費者における「エシカル消費」の実施動向

全体として認知度が向上している「エシカル消費」の対象の中で、最もよく知られているのが地球温暖化防止への貢献などを意味する「エコ」となっている。近年では、脱炭素やカーボンニュートラルといった言葉も頻繁に目にするようになり、食産業においても、一般消費者が日常生活において地球温暖化防止に貢献できる農林水産物・食品の需要が今後一層拡大していくと考えられる。

農林水産省が2022年に公表した調査結果によると、調査対象者のうち約70%が環境に配慮した農林水産物・食品を「選んでいる」と回答している。また選んでいる農林水産物・食品については、「国産のもの」「近隣の地域で生産・加工されたもの」が上位となっており、農林水産物・食品という身近な商材の地産地消を通して「エシカル消費」を実践している消費者が多くいることが分かる。

日本におけるフェアトレードの広がり

「エコ」な暮らし方そのものを指す「ロハス（Lifestyles of Health and Sustainability）」に続き認知度が高いのが、公正な取引により発展途上国の生産者や労働者等の収入向上と生活改善を目指す「フェアトレード」である。

食品分野でもチョコレートの原料であるカカオやコーヒーなどを対象にサプライチェーンの見直しといった活動が推進されてきている。国内でもフェアトレードに関する認証を取得した商品が大小問わず様々な食品メーカーから販売されており、注目度の高い領域となっている。

図7-14 環境に配慮した農林水産物・食品の選択実態

あなたは、**日頃から環境に配慮した農林水産物・食品を選んでいますか。**
この中から1つ選んで○をつけてください。

あなたは、**どのような環境に配慮した農林水産物・食品を選んでいますか。**
この中からいくつでも選んで○をつけてください。

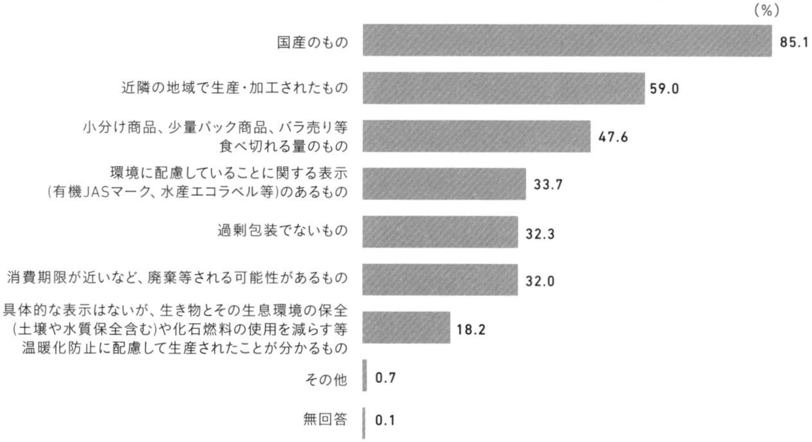

出所)農林水産省

図7-15 フェアトレードの対象食品・取り組み例

対象食品・原料	フェアトレードの取組事例
チョコレート(カカオ)	原料生産から輸出入・加工・製造の全工程で国際フェアトレードラベル機構(Fairtrade International)が定めた基準が守られていることを証明する「フェアトレード認証」を取得した製品の販売(森永製菓)
コーヒー(コーヒー豆)	2013年より公正なコーヒーサプライチェーン確立を証明する「4C認証コーヒー豆」の調達を実施(味の素AGF)

出所)各社ホームページ

60

フェアトレード運動

Fair Trade Movement

Consultant View

フェアトレードはSDGsが取り上げられる以前より存在していた動きであり、キーワードとして消費者の認知度も高い。実際にフェアトレードラベルが付記された食品も数多く流通しており、商品開発から貿易、流通・販売、そして消費者へのプロモーションなど、フェアトレードの活動の軌跡には、今後のSDGs推進へのヒントが多数含まれていると言える。

語句の解説

公平な貿易、すなわち発展途上国で生育された農作物や製品を適正な価格で継続的に取引し、生産者の生活を損なわない貿易のあり方を目指す消費者運動のこと。

フェアトレード運動は、それまでの発展途上国に対する国際協力の内容が国際情勢や支援者側の志向によって質・量ともに継続性に欠けるとの反省を踏まえ、より消費者が直接的に働きかけることのできる仕組みとして、1960年代にヨーロッパにて始められた。日本にも1993年に初めて導入され、フェアトレードのラベルが貼られた製品は世界150カ国以上で販売されている。

図7-16 フェアトレード認証ラベルの例

認証	国際フェアトレード認証ラベル	フェアトレード団体マーク	独自認証
ラベル	FAIRTRADE	WORLD FAIR TRADE ORGANIZATION	フェアトレード Bridge THINK EARTH COFFEE シンクアースコーヒー
概要	製品に対するフェアトレード認証	団体に対するフェアトレード認証	企業や団体が独自に設定するフェアトレード認証

出所）ACE、WFTO、輸入品販売交流協会

図7-17 国内におけるフェアトレード認証製品の市場規模推移

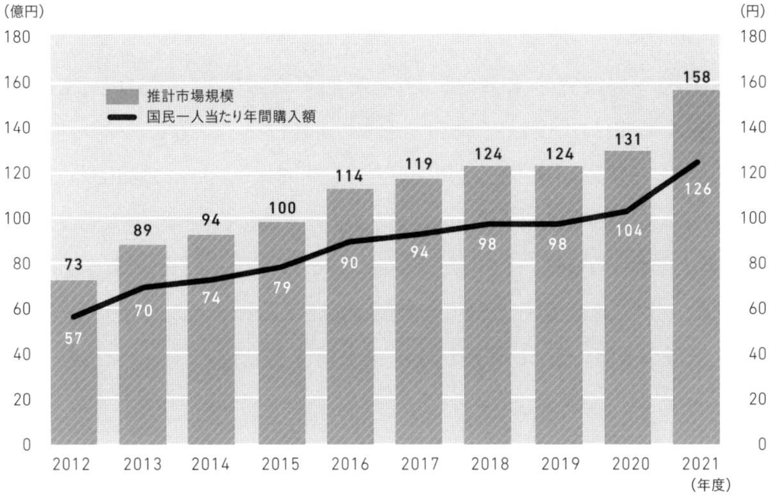

出所）フェアトレード・ラベル・ジャパン

日本でも広がりを見せるフェアトレード

日本では、1993年にフェアトレードが始まったとされ、当初はコーヒーの取り扱いが中核を占めていたが、近年のESG投資の普及を受けて、品目・商品の種類についても拡大してきている。

フェアトレード・ラベル・ジャパンの認証・登録事業者のうち食品を扱っている企業は54社にのぼり、活動例としては、イオントップバリュがチョコレートを販売しているほか、UCC上島珈琲は業務用、家庭用、ギフト・オフィス向けなど60種類以上の品目を取り扱っている。

また企業だけでなく、地方自治体もフェアトレードに注目しており、フェアトレード商品を町ぐるみで応援する自治体を認定する「フェアトレードタウン」について、日本では熊本県熊本市（2011年）をはじめ、現在まで計6市が認定されている。

SDGsとの連携で広がりが一層加速する可能性も

フェアトレードはSDGsにおける目標、例えば「貧困をなくそう」などとも親和性が高く、欧州においてはSDGs目標達成に寄与しているとして、2016年に国際フェアトレードラベル機構が欧州委員会の戦略的パートナーに選出されている。

なお日本では「フェアトレード」の定義がいまだ浸透しておらず、中には企業が発展途上国から直接輸入したことで独自に「フェアトレード商品」であるとうたっているケースもある。現在のSDGsの普及の動きと合わせ、フェアトレードについても一般消費者の正しい理解が進むことを期待したい。

図7-18 フェアトレード・ラベル・ジャパンの認証・登録事業者（食品関連事業者を抜粋）

AGF	キャメル珈琲	チョコレートデザイン
アートコーヒー	クラウン製菓	トーホー
イオントップバリュ	クラボウ	鳥取珈琲館
イシガキコーポレーション	神戸紅茶	日本生活協同組合連合会
伊藤忠商事	神戸珈琲	ノヴァ
ethicafe	齊藤コーヒー	ひぐち
UCC 上島珈琲	櫻井食品（桜井食品）	日本ヒルスコーヒー
ウエシマコーヒー	シサム工房	ポップライフカンパニー
エスビー食品	シーシーエスコーヒー	ボルカフェ
MC アグリアライアンス	スターバックスコーヒージャパン	マカイバリジャパン
小川珈琲	すいーつばたけ	ネスレネスプレッソ
オリジンコーヒートレーダーズジャパン	生活協同組合コープさっぽろ	三本コーヒー
ガーデンバール&コーヒージャパン	双日食料	ユニカフェ
片岡物産	第一コーヒー	わかちあいプロジェクト
兼松	ダートコーヒー	ワタル
キーコーヒー	大東カカオ	ワルツ
キャピタル	立花商店	

出所）フェアトレード・ラベル・ジャパン公表情報を基にNRI作成

図7-19 フェアトレードタウンと各自治体の取り組み

出所）各市町村ホームページ

61

カーボンニュートラル

Carbon Neutral

Consultant View

食分野でも、CO_2や温室効果ガスの削減が求められ始めている。日本の温室効果ガスの排出量は約12.1億トンであり、農林水産分野は約3.9%（約0.5億トン）、食品製造で1.7%と全体の一部である。

一方で、森林や農地・牧草地による0.54億トンもの温室効果ガスの吸収も農業は担っている。カーボンニュートラル（CN）への取り組みは、コスト増にもつながるものであり、農業分野だけで推進することは難しい。取り組みを支えるサプライチェーンの構築や消費者意識の変革などもあわせて推進していくことが重要である。

語句の解説

2020年10月に日本政府が宣言した内容を参照すると、カーボンニュートラルとは、「温室効果ガスの排出が全体としてゼロの状態」である。すなわち、社会活動による温室効果ガスの排出量と吸収量の総和が実質的にゼロになることを意味する。

なお、名称は「カーボン」ニュートラルであるが、対象が「温室効果ガス」となっていることから、ニュートラル状態を目指す対象には、二酸化炭素（CO_2）だけでなく、メタン（CH_4）・一酸化二窒素（N_2O）なども含まれている。

図7-20 フードバリューチェーン分野における主な温室効果ガス排出要因例

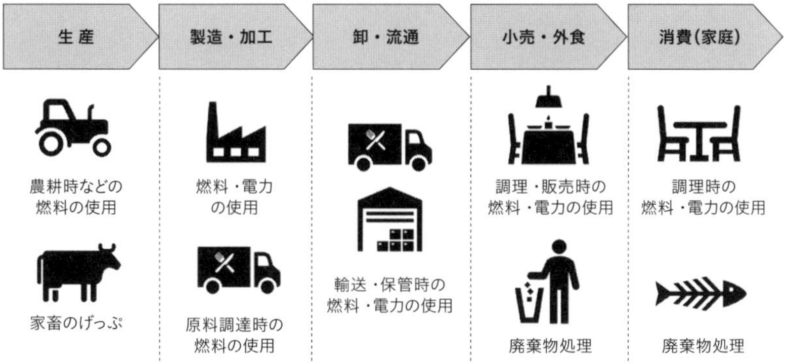

出所）NRI作成

図7-21 フードバリューチェーン分野における主な温室効果ガス排出状況（2019年）

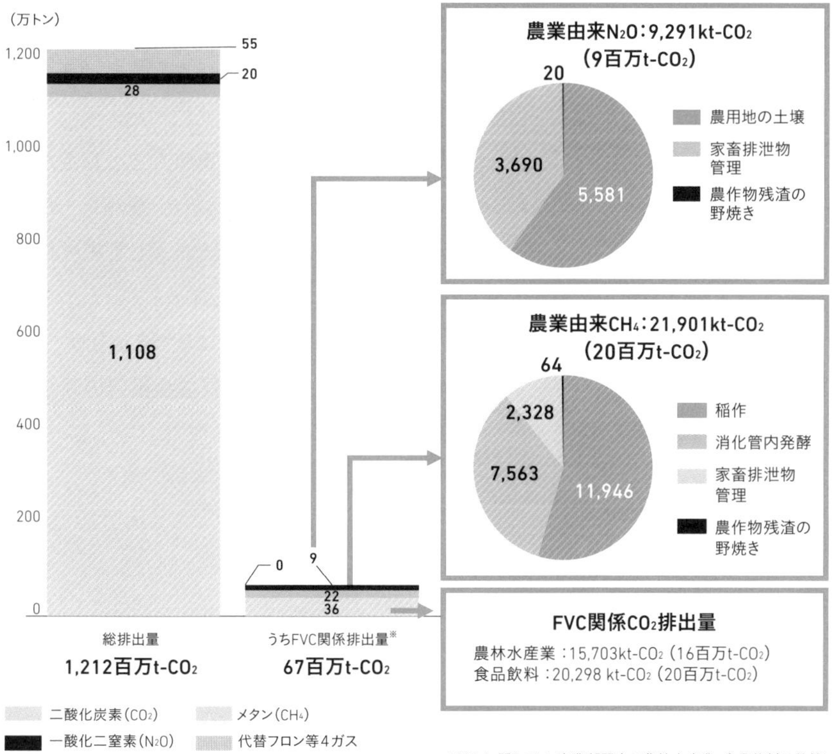

※CO_2に関しては、産業部門中の農林水産業・食品飲料の数値を合算。CH_4・N_2Oに関しては「農業」分類の数値を引用。

出所）国立環境研究所

CN達成に向けた企業の取り組み

CN達成に向けた企業の取り組みについては、①バリューチェーンの各機能支援、②CNサプライチェーンの構築、③新規市場の創出の3つの方向性が存在する。

①に関しては、再生可能エネルギーを利用した電動農機具の提供などが想定され、自動車排気系部品メーカーのフタバ産業が提供している、排ガス浄化・熱交換技術が生かされたハウス栽培用CO_2貯留・供給装置「アグリーフ」などが具体例として挙げられる。

また方向性②に関しては、①の商品・サービスを活用した自社単体・パートナーとの連携によるCNを達成したサプライチェーンの構築、CNを達成した最終商品の実現などが想定されている。具体例としては、スコットランドの飲料メーカーであるBREWDOGが、蒸留所近辺への自社ホップ畑の設置や配送用トラックのEV化、自社運営バーでの温室効果ガス発生量のオフセットなど、サプライチェーン全体を通したCN達成を目指した取り組みを行っている。

最後に方向性③に関しては、環境価値の創出・取引事業などが想定され、具体例としては、米国においてマイクロソフトが農業協同組合/食品メーカーLand O'Lakeとともに、農地で吸収・固定したCO_2削減量を把握し証書発行を行い、排出枠取引市場に供給する取り組みを進める計画を発表している。

このように、企業は自社の既存の事業領域や経営方針に基づき上記①〜③の取り組みを選択・実施することで、CN達成と自社の成長機会獲得の両立が可能となると考えられる。

図7-22 CN達成に向けた企業の「攻め」の取り組み全体像

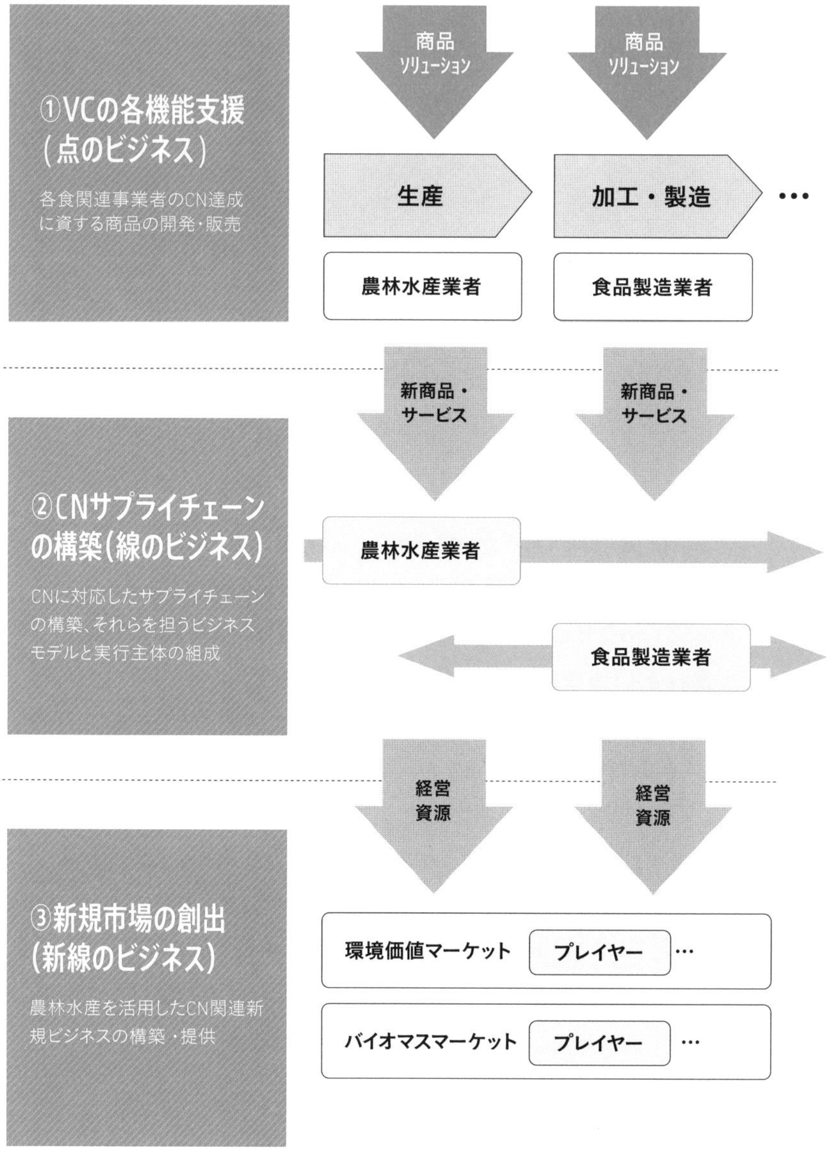

出所）NRI作成

62

Farm to Fork 戦略

Farm to Fork Strategy

Consultant View

「Farm to Fork（農場から食卓まで）戦略」は、食のサプライチェーン全体で、環境負荷軽減や持続可能性に取り組む動きである。また、欧米諸国の動きを受け、国内でも農林水産省が、2021年に「みどりの食料システム戦略」を発表した。

重要なことは、サプライチェーン上の各企業が同じ方向を向くこと、そして、新たなコストとプロフィットがシェアできる仕組みの構築である。環境対策を進めるにあたっては、基本的にコスト増につながるケースが多い。その負担がサプライチェーンの特定の領域に偏らないような政策的な支援と企業間連携を進めていく必要がある。

語句の解説

持続可能な経済社会に向けた包括的な構想である「欧州グリーンディール」のうちの農業部門において核となる戦略。

持続可能な食料システムを目指して欧州委員会により2020年に掲げられ、「持続可能な食料生産」「持続可能な食品加工と食品流通」「持続可能な食品消費」「食品ロスの発生抑止」の4つを柱としながら、2030年を目標に据えた複数の数値目標を設定している。

図7-23 Farm to Fork戦略４本の柱と具体的な取り組み

食品ロスと廃棄の防止

- 消費期限と賞味期限の誤解と誤用を防ぐ規則改定

持続可能な食料生産

- バイオガス施設、太陽光パネルなど再生可能エネルギー投資への支援
- アニマルウェルフェアの向上

持続可能な食品消費

- 植物性の食事への移行促進
- 栄養成分のラベル表示の統一化と義務化
- 税制上の優遇措置

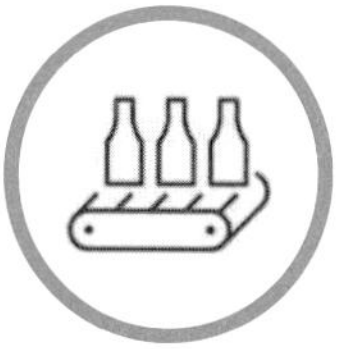

持続可能な食品加工と流通

- 環境に責任のあるビジネスおよびマーケティングの慣行
- 再利用可能な包装の利用
- サプライチェーン短縮を支援

出所）European Union、農林水産省

図7-24 2030年を目標に据えた数値目標

- **2030年までに化学農薬の使用量とリスクを50%削減**
- **2030年までにより有害性の高い農薬の使用量を50%削減**

- **土壌の肥沃度を低下させずに、2030年までに養分損失を少なくとも50%減**
- **2030年までに肥料の使用量を少なくとも20%削減**

- **2030年までに家畜と水産養殖業の抗菌性物質販売量を50%削減**

- **2030年までに全農地の少なくとも25%を有機農業とするための開発促進**

出所）EU、農林水産省

欧州グリーンディール

持続可能な経済社会に向けて、2019年12月に欧州委員会は「欧州グリーンディール」という構想を打ち出した。欧州グリーンディールは単に環境保護を優先させるのではなく、環境保護を通した経済成長を目的とした政策であり、2050年に温室効果ガス（GHG）排出量を実質ゼロとすることを目標としている。

また、関連する政策を 8つの分野に分けて示しており、農業・食産業分野は、「公平で健康的な環境に優しい食品システム（Farm to Fork戦略）」「生態系及び生物多様性の保護と再生」との関連性が高い。

Farm to Fork戦略を受けた新たな取り組み

Farm to Fork戦略に対応し、国家単位での取り組みも進んでいる。フランスでは一部農薬の使用を中止する生産者への減税措置や食品廃棄を行うスーパーマーケットへの罰金などの制度が作られた。

デンマークのスーパーマーケットではサプライチェーン上での食品ロスの削減戦略を進め、5年間で食品ロスを25％削減。デンマークの乳業メーカーであるアーラ・フーズやオランダの資産運用会社ロベコなども様々な活動をスタートさせている。

Farm to Fork戦略による経済損失

他方、こうした対応は必ずしも経済に良い影響を及ぼすとは限らないという主張もある。英国の研究ではFarm to Fork戦略や生物多様性戦略の推進により、食品価格が高騰することや飢餓問題が進展してしまうこと、また、GDPに悪影響があるとの試算を公表している。

図7-25 Farm to Fork戦略に対応した企業・国の動向

企業名・国名	取組内容
アーラ・フーズ	・再生可能な容器を採用することで、プラスチック排出量40%減 ・GHG排出量30%減
ロベコ	・Farm to Fork戦略に沿った取り組みを進める企業を対象に投資
フランス	・植物性たんぱく質の増産戦略やリスクが高いとされる一部農薬の使用を中止する生産者に減税措置 ・まだ食べることができる食品をフードバンクに寄付せず廃棄するスーパーマーケットに対して1,000万円の罰金を徴収

出所）各種公開情報を基にNRI作成

図7-26 Farm to Fork戦略と生物多様性戦略が及ぼす経済への影響

<table>
<tr><th>項目</th><th>EU</th><th>米国</th><th>世界全体</th></tr>
<tr><td>生産量</td><td>-12%</td><td>+0%</td><td>-1%</td></tr>
<tr><td>価格</td><td>+17%</td><td>+5%</td><td>+9%</td></tr>
<tr><td>輸入量</td><td>+2%</td><td>-3%</td><td rowspan="2">-2%</td></tr>
<tr><td>輸出量</td><td>-20%</td><td>+6%</td></tr>
<tr><td>農場の収入</td><td>-16%</td><td>+6%</td><td>+2%</td></tr>
<tr><td>食費 [*1]</td><td>+$153</td><td>+$59</td><td>+$51</td></tr>
<tr><td>飢餓人数 [*2]</td><td>-</td><td>-</td><td>+2,200 万人</td></tr>
<tr><td>GDP</td><td>-$710 億</td><td>-$20 億</td><td>-$940 億</td></tr>
</table>

*1一人あたり・年額
*2世界の貧困国73カ国に限定して試算

出所）欧州議会

63

みどりの食料システム戦略

Measures for achievement of Decarbonization and Resilience with Innovation

Consultant View

世界的に広がるカーボンニュートラルの潮流が農業分野にも影響を与え、EUでのFarm to Fork戦略や米国での農業イノベーションアジェンダなど、農林水産分野でも明確な目標を掲げた計画が打ち出されている。世界的な潮流に後れを取ることなく、日本でも目標数値を含めた「みどりの食料システム戦略」が打ち出された。今後の戦略推進の中で、新たなビジネス機会の創出が進むことが期待される。

語句の解説

SDGsや環境を重視する国内外の動きに対応しながら、持続可能な食料システムを構築することを目標として2021年5月、農林水産省により策定された戦略。

食料・農林水産業の生産力向上と持続性の両立をイノベ―ションで実現することを掲げており、調達、生産、加工、流通、消費で構成されるサプライチェーン全体での労力軽減、生産性向上、地域資源の最大活用、脱炭素化、化学農薬低減などを目指す姿として掲げている。これを実現するために現場の意欲的な取り組みを引き出し、産官学の連携も視野に入れたイノベーション創出が可能な社会の実装に政府は努めるとしている。

図7-27 みどりの食料システム戦略の概要

目標

2030年まで

- 事業系食品ロスを2000年度比で半減
- 食品製造業の労働生産性3割向上
- 飲食料品卸売業の売上高対経費率を10%に縮減
- 林業苗木の3割に成長に優れた苗木を活用
- 漁獲量を2010年と同程度まで回復

2050年まで

- 農林水産業のCO_2ゼロエミッション化
- 有機農業地を25%に拡大
- 化学農薬使用量50%低減
- 化学肥料使用量30%低減
- 林業苗木の9割にエリートツリー等の成長に優れた苗木を活用

具体的な取り組み

資材・エネルギー調達における脱輸入・脱炭素化・環境負荷軽減の推進

- 持続可能な資材やエネルギーの調達
- 地域・未利用資源の一層の活用に向けた取り組み
- 資源のリユース・リサイクルに向けた体制構築・技術開発

イノベーション等による持続的生産体制の構築

- 高い生産性と両立する持続的生産体系への転換
- 機械の電化・水素化等、資材のグリーン化
- 地球にやさしいスーパー品種等の開発・普及
- 農地・森林・海洋への炭素の長期・大量貯蔵
- 労働安全性・労働生産性の向上と生産者のすそ野の拡大
- 「新たな資源管理の推進に向けたロードマップ」に沿った水産資源の適切な管理

ムリ・ムダのない持続可能な加工・流通システムの確立

- 持続可能な輸入食料・輸入原材料への切り替えや環境活動の促進
- データ・AIの活用等による加工・流通の合理化・適正化
- 長期保存、長期輸送に対応した包装資材の開発
- 脱炭素化、健康・環境に配慮した食品産業の競争力強化

環境にやさしい持続可能な消費の拡大や食育の推進

- 食品ロスの削減など持続可能な消費の拡大
- 消費者と生産者の交流を通じた相互理解の促進
- 栄養バランスに優れた日本型食生活の総合的推進
- 建築物の木造化、暮らしの木質化の推進
- 持続可能な水産物の消費拡大

食料システムを支える持続可能な農山漁村の創造

- 基盤整備の推進
- 農山漁村発イノベーションの推進
- 多様な機能を有する都市農業の推進
- 多様な農地利用の推進
- 食料生産・生活基盤を支える森林の整備・保全

サプライチェーン全体を貫く基盤技術の確立と連携

- 人・知・資金が好循環する産学官の連携
- イノベーション推進のための基盤整備と活用
- グローバルな研究体制の構築

カーボンニュートラルに向けた森林・木材のフル活用によるCO_2吸収と固定の最大化

- 林業イノベーション等による森林吸収の向上
- 木材利用拡大による炭素貯蔵・CO_2排出削減効果の最大化

出所）農林水産省

有機農業地25%への拡大

みどりの食料システム戦略で特に注目を集めている目標は、「2050年までに耕地面積に占める有機農業地を25%（100万ha）に拡大する」という目標である。2020年で有機農業が行われている農地は0.5%であり、30年間でこれを50倍にする必要がある。

有機農業の拡大が日本で進まない要因の一つに高温多湿の気候が挙げられる。雑草や病害虫が発生しやすく、有機農業との相性が悪い。これに対して農林水産省は除草ロボットやAIを使った土壌の診断システムなどの研究開発へ資金援助することを発表している。また有機農産物を扱う食品メーカーや物流業者に対する税制優遇措置も検討しており、今後の有機農業拡大が期待される。

ネオニコチノイド系農薬への対応

国内外で相次いで報告されるミツバチの失踪や大量死の原因にネオニコチノイド系農薬が指摘されている。1980年代に開発されて1990年代から使用が急増したネオニコチノイド系農薬は他の殺虫剤に比べて人や水生動物への毒性も弱く、日本では稲などの害虫となるカメムシの防除のために水田に広く散布されてきた。

このように生産者の負担軽減の観点から有用なネオニコチノイド系農薬であるが、ミツバチへの影響を受けてEUでは使用禁止が決定され、一部農薬メーカーからは反発の声も挙がっている。みどりの食料システム戦略の中では農薬メーカーや生産者の負担を考慮して規制までは実施せず、2040年に向けて代わりとなる新規農薬の開発を進めることを掲げており、注目を集めている。

図7-28 品目別の有機農産物割合

区分	総生産量（千トン）	格付数量（国内、トン）	有機JAS 割合（%）
野菜	11,707	47,700	0.41
米	8,324	2,231	0.08
麦	1,092	1,018	0.09
大豆	253	1,141	0.45
茶	79	4,945	6.27

出所）農林水産省

図7-29 各国・地域の単位面積当たり農薬使用量

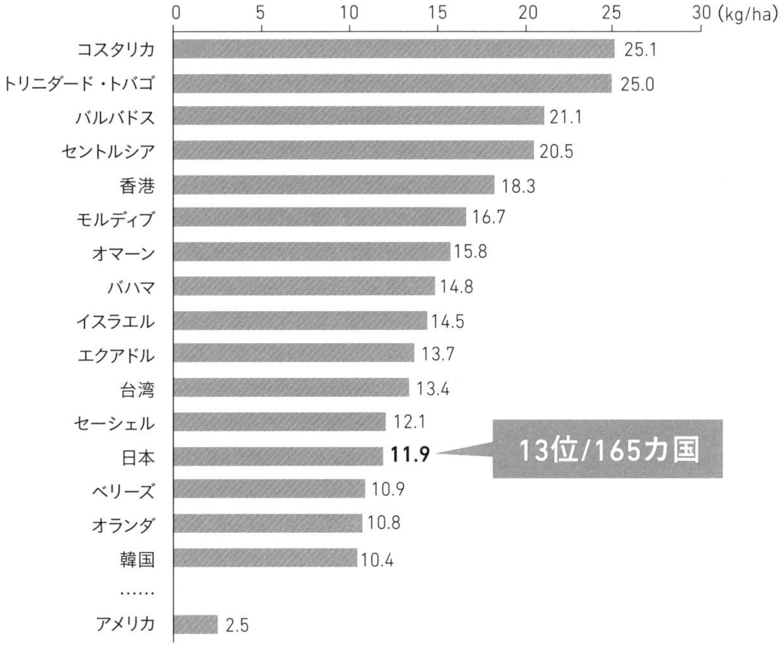

出所）FAOSTAT

64

GAP／HACCP

Good Agricultural Practice / Hazard Analysis and Critical Control Point

Consultant View

食の安全・安心は、古くから重要であるが、GAPやHACCP（ハサップ）はこれらについて基準を設け、共通言語化を試みている点がポイントである。ただし、設けられた基準に合わせたり、基準を満たす活動には、新たなコストの発生が懸念される。

コスト増を補う1つの方策として、食のグローバル化がある。 GAPやHACCPを海外とのコミュニケーションツールと位置付けて、単なるコスト増ではなく、売上増にもつなげることが重要である。

語句の解説

GAPとは、農産物（食品）の安全を確保し、より良い農業経営を実現する取り組みのこと。GAPを実践している農場は、一般財団法人日本GAP協会やFood PLUS GmbHなど、民間の評価基準に合格することでGAP認証（JGAP、GLOBALG.A.Pなど）を取得可能である。

HACCPとは、原材料の入荷から製品の出荷に至る全工程の中で、食中毒菌汚染や異物混入などの危害要因を除去または低減させ、製品の安全性を確保する衛生管理の手法である。国連食糧農業機関（FAO）と世界保健機関（WHO）の合同機関である食品規格（コーデックス）委員会から発表されており、各国にその手法の採用が推奨されている。

図7-30 GAPの類型・概要

出所）農林水産省

図7-31 HACCPによる管理例

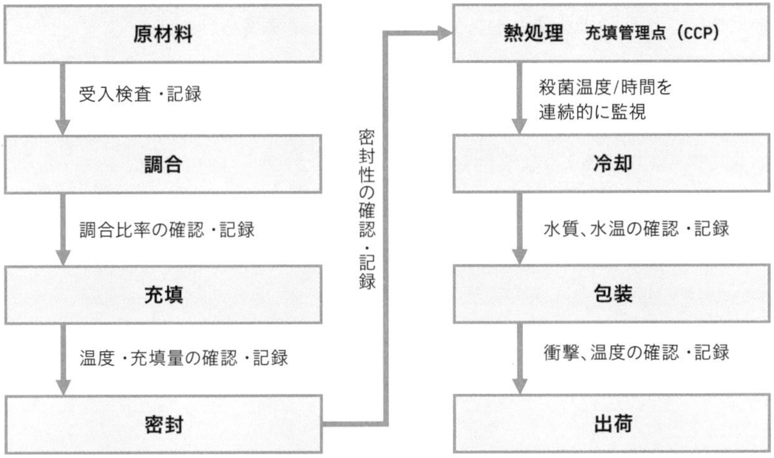

出所）厚生労働省

広がりを見せるGAP・HACCP

共に食の安全性担保などを目的とした仕組み・共通規格であるGAP及びHACCPであるが、フードバリューチェーンのグローバル化などによる「共通言語」の必要性の高まりを受け、近年急速に広がりを見せている。GAPに関しては、2008年時点で97に留まったアジアGAP/JGAPの認証数が2021年には2,121まで拡大しており、グローバルGAPに関しても、2021年にはその認証数が782となっている。一方のHACCPに関しては、農林水産省が食品製造事業者を対象に実施したアンケートによると、2020年度においては42.7%の企業がHACCPを導入済みと回答しており、2019年度の22.5%から約20ポイントも上昇する結果となった。

GAP・HACCPのさらなる普及に向けて

取り組み・認証の拡大が続く一方で、情報収集や手続きを行う対応人員の確保、施設更新や登録にかかる費用の確保など、相応の負荷と時間が必要となる。昨今ではGAPやHACCP取得を支援するサービスも存在するが、特に中小事業者については、一歩を踏み出せないケースも多いと考えられる。

そのような中でも、福岡県の水産加工品メーカーである株式会社海千のように、HACCPだけでなくEU-HACCPも取得し、EU域内への辛子明太子の販売拡大に挑戦しているような事例も存在している。今後GAP・HACCPのさらなる普及に向けては、情報提供・手続きの簡素化など、負荷低減を進めるとともに、取得時のメリットや上記のような具体的な挑戦・成功事例をしっかりと広報していくことが重要と言える。

図7-32 GAPの認証数推移

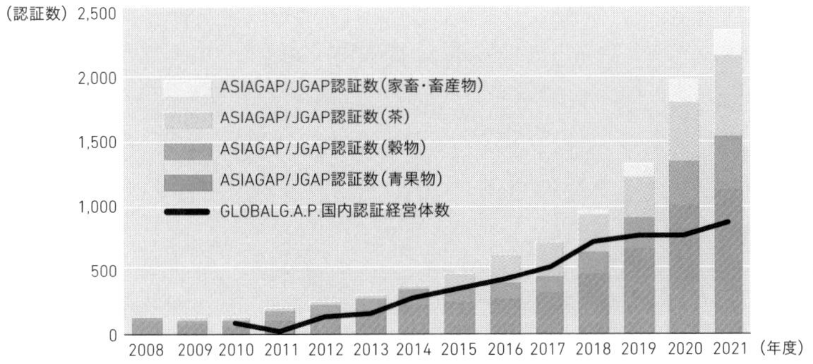

出所）日本GAP協会、GAP普及推進機構/GLOBAL G.A.P.協議会

図7-33 HACCPに沿った衛生管理の導入状況推移

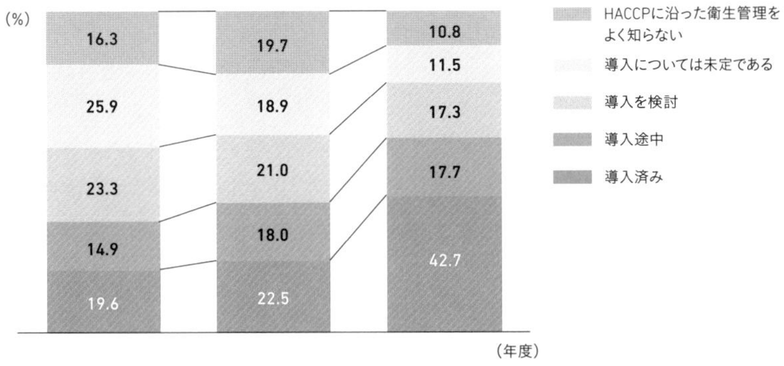

出所）農林水産省

図7-34 認証取得に係る負荷とメリット

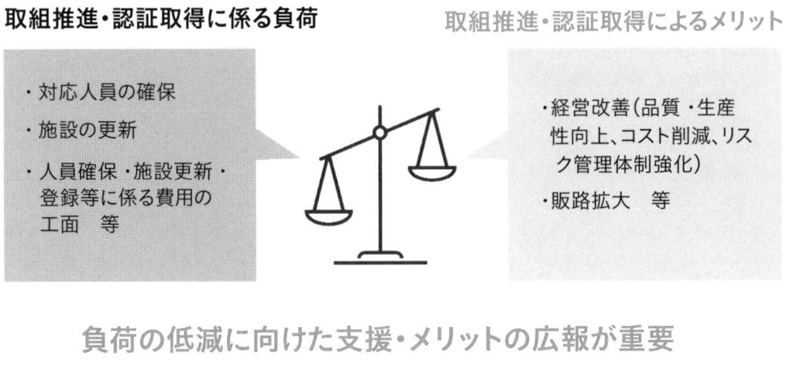

出所）NRI作成

執筆者紹介

佐野 啓介（さの・けいすけ）

プリンシパル（現在、Nomura Research Institute Singapore/Department Head）。
一橋大学経済学部卒。2008年株式会社野村総合研究所入社後、農業・食品・流通に関わる事業戦略や政策策定支援、また、各種調査・研究活動を実施。日本企業の海外展開もサポート。

太田 岳秀（おおた・たけひで）

産業ビジネスディベロップメント部　部長。
1999年株式会社野村総合研究所入社。東北大学理学部卒。主に小売、卸業、食品・消費財メーカーの業務設計などを担当。

高 要韓（こう・よはん）

シニアシステムコンサルタント。
2013年株式会社野村総合研究所入社。主に食品・消費財メーカーや卸業向けの庫内物流業務設計、システム構築・維持保守を担当。

永島 裕理（ながしま・ゆうり）

シニアコンサルタント。
早稲田大学政治経済学部卒。食品メーカー、外資系コンサルティングファームを経て、野村総合研究所入社。主に農業・食品領域における調査や事業戦略策定・実行を中心として支援。

堀江 優莉香（ほりえ・ゆりか）

シニアシステムコンサルタント。
新卒でユーザー系IT企業に入社し食品部門のSCM改革プロジェクトに参画。株式会社野村総合研究所入社後は、大手食品製造業のDX案件を支援。

大野 隆文（おおの・たかふみ）

シニアコンサルタント。
慶應義塾大学経済学部卒。エネルギー・重電・食品業界の事業戦略や実行支援に係るコンサルティングプロジェクトに多数従事。近年の研究テーマは経済安全保障。

衣松 佳孝（きぬまつ・よしたか）

シニアコンサルタント。
東京大学大学院都市工学専攻修了。2018年入社後、農業・食品流通や交通サービスの最適化・高度化を専門にコンサルティングプロジェクトおよび調査・研究活動を実施。

白石 勇太郎（しらいし・ゆうたろう）

シニアコンサルタント。
東京工業大学大学院修了（工学修士）。2019年株式会社野村総合研究所入社後、農業・食品に関わる事業戦略・政策策定に加え、M&A戦略立案・スタートアップ政策策定を中心に支援。

水田 直澄（みずた・なおすみ）

シニアシステムコンサルタント。
明治大学大学院農学専攻修了。2019年株式会社野村総合研究所入社後、農業・食品物流の最適化検討や食品メーカーの業務統合、システム要求事項の整理を支援。

大畑 毅志（おおはた・つよし）

コンサルタント。
東京大学法学部卒。2018年株式会社野村総合研究所入社後、金融・食品に関わる事業戦略策定に加え、M&A・アライアンス戦略立案・実行を中心に支援。

三浦 俊一（みうら・しゅんいち）

コンサルタント。
東京大学大学院応用生命工学専攻修了。2020年株式会社野村総合研究所入社後、農業や食品、不動産、物流、製造業など幅広い分野で戦略立案を中心に支援。

全体査読：三崎 冨査雄（みさき・ふさお）

フードビジネス
最新キーワード64

2023年3月27日　第1版第1刷発行

編者　佐野啓介

発行者　村上広樹
発行　株式会社日経BP
発売　株式会社日経BPマーケティング
〒105-8308　東京都港区虎ノ門4-3-12
https://bookplus.nikkei.com

ブックデザイン　梅田敏典デザイン事務所
印刷・製本　図書印刷株式会社
編集担当　赤木裕介

ISBN978-4-296-00147-7
Printed in Japan

本書籍に関するお問い合わせ、ご連絡は下記にて承ります。
https://nkbp.jp/booksQA